SUR LE CALCUL DES ÉCLIPSES

SUJETTES AUX PARALLAXES; (*)

PAR M. LAGRANGE.

L'IMPORTANCE et la difficulté du calcul des éclipses de soleil et des autres phénomènes de ce genre, ont dû naturellement engager les géomètres à chercher des méthodes directes et analytiques pour faciliter ce calcul, et lui donner toute la précision et la généralité dont il peut être susceptible, surtout dans un siècle où l'on a pris à tâche d'appliquer l'Analyse à toute sorte d'objets. Aussi a-t-on vu éclore dans ces derniers tems plusieurs ouvrages plus ou moins considérables sur cette matière, parmi lesquels on doit compter avec distinction les savantes Recherches de M. Duséjour, imprimées dans les Mémoires de l'Académie des Sciences de Paris.

Ces Recherches, par leur étendue et par le grand nombre d'applications intéressantes et délicates que l'auteur en a faites, paraissent ne rien laisser à desirer sur le problème dont il s'agit; il me semble néanmoins qu'on ne s'est pas encore appliqué à donner à la solution de ce problème toute la simplicité et la briéveté qu'on est en droit d'attendre de l'Analyse; et cela me paraît d'autant plus nécessaire, que les astronomes accoutumés au calcul trigonométrique et aux méthodes arithmétiques, doivent être peu portés à adopter des méthodes nouvelles dont le principal avantage serait d'être plus directes et plus générales, mais dont les principes et le procédé seraient à-la-fois moins lumineux et moins faciles. C'est pourquoi j'ai cru qu'après tout ce qu'on avait déjà écrit sur cette matière, ils ne regarderaient pas comme inutiles les recherches que j'y ai faites aussi, et que je vais leur présenter.

Je donnerai d'abord des formules générales et rigoureuses pour déterminer les lieux apparens et les distances apparentes des astres sujets à la parallaxe; je me flatte qu'on trouvera, soit dans ces formules, soit dans la méthode que j'emploie pour y parvenir, toute la simplicité et l'élégance, si j'ose le dire, qu'on y peut desirer.

Je ferai voir ensuite comment on peut rendre l'usage de ces formules très-commode pour la pratique, au moyen de quelques tables dont la

(*) Ce Mémoire a déjà paru en allemand dans les Éphémérides de Berlin pour l'année 1782; nous l'imprimons ici de nouveau d'après le manuscrit original dont M. Lagrange lui-même avait bien voulu me faire présent. On a pensé que les personnes qui ne savent pas la langue allemande nous sauraient bon gré de leur avoir fourni le moyen de lire un Mémoire dans lequel elles trouveront les fondemens de la plupart des méthodes analytiques qu'on a publiées depuis sur le Calcul des éclipses. (F. ARAGO).

construction est très-facile, et qui, étant une fois calculées, serviront pour tous les lieux de la terre et pour tous les tems.

Je montrerai enfin l'application de ces formules aux éclipses de soleil, aux passages des planètes sur son disque, aux occultations des astres par la lune et aux autres problèmes de ce genre, et je donnerai pour ces différens objets, des méthodes plus simples et plus exactes que celles qu'on a eues jusqu'à présent.

ARTICLE PREMIER.

Méthode la plus simple et la plus directe pour déterminer les distances apparentes des astres sujets à la parallaxe.

1. La manière la plus simple de déterminer la position d'un point quelconque dans l'espace, par rapport à un point donné, est d'employer des coordonnées rectangles dont l'origine soit au point donné; et cette manière est d'autant plus commode, que si l'on veut ensuite rapporter le même point à un autre point donné, il n'y a qu'à prendre pour coordonnées rectangles les différences des premières coordonnées et de celles qui déterminent ce second point donné relativement au premier; c'est ce qui est évident de soi-même, à cause de la perpendicularité mutuelle des coordonnées.

2. Comme les mouvemens des planètes sont donnés dans les tables par rapport à l'écliptique, ce qui se présente de plus naturel pour déterminer la position d'un astre quelconque, est de supposer que le centre de la terre soit l'origine des coordonnées de cet astre; que les abscisses x soient prises dans la ligne de l'équinoxe du printems, d'où l'on compte les longitudes; que les premières ordonnées y soient perpendiculaires à cette ligne dans le plan de l'écliptique, et du côté de l'orient; et que les secondes ordonnées z soient perpendiculaires à ce plan, du côté du pôle boréal.

Et si l'on nomme a la longitude de l'astre, b sa latitude, et r sa distance au centre de la terre, on aura évidemment

$$x = r\cos a\cos b,\qquad y = r\sin a\cos b,\qquad z = r\sin b.$$

3. Les coordonnées x, y, z déterminent le lieu vrai de l'astre par rapport au centre de la terre; pour avoir celles de son lieu apparent pour un observateur placé sur la surface de la terre, c'est-à-dire du lieu de l'astre vu par cet observateur, il n'y aura qu'à soustraire des mêmes coordonnées celles qui déterminent la position de l'observateur par rapport au centre de la terre et au plan de l'écliptique.

Soient donc ξ, η, ζ les coordonnées dont il s'agit, qu'on suppose parallèles respectivement aux coordonnées de l'astre x, y, z, et qui dépendent du lieu de l'observateur sur la surface de la terre; on aura sur-le-champ $x-\xi$, $y-\eta$, $z-\zeta$ pour les coordonnées du lieu apparent du même astre; ensorte que cet astre paraîtra à l'observateur comme paraîtrait un astre vu du centre de la terre, dont le lieu vrai serait déterminé par les coordonnées $x-\xi$, $y-\eta$, $z-\zeta$.

4. Nous désignerons toujours, dans la suite, les valeurs vraies ou apparentes des mêmes quantités, par les mêmes lettres, sans trait ou marquées d'un trait; de sorte que les mêmes formules qu'on trouvera pour les valeurs vraies pourront être appliquées sur-le-champ aux valeurs apparentes, en ne faisant que marquer toutes les lettres d'un trait.

Ainsi, comme nous avons désigné par x, y, z les trois coordonnées rectangles du lieu vrai de l'astre, x', y', z' seront les coordonnées de son lieu apparent; de sorte qu'on aura

$$x' = x-\xi, \qquad y' = y-\eta, \qquad z' = z-\zeta.$$

De plus, ayant appelé a la longitude vraie, b la latitude vraie de l'astre, et r sa distance vraie au centre de la terre, on nommera a', b', r' la longitude apparente, la latitude apparente et la distance apparente du même astre pour un observateur placé au centre de la terre, qui y verrait cet astre de la même manière que le voit l'observateur placé sur sa surface, et l'on aura, comme dans le n° 2,

$$x' = r'\cos a'\cos b', \qquad y' = r'\sin a'\cos b', \qquad z' = r'\sin b'.$$

Par ces formules on pourra déterminer, si l'on veut, les valeurs apparentes a', b', r', par les vraies a, b, r, aussitôt qu'on connaîtra les valeurs des coordonnées ξ, η, ζ du lieu de l'observateur.

5. Soit ρ le rayon de la terre qui répond au lieu de l'observateur, h l'angle que ce rayon fait avec le plan de l'écliptique dans l'hémisphère boréal, et g l'angle que la projection du même rayon sur ce plan fait avec la ligne de l'équinoxe du printems du côté de l'orient; il est visible qu'on aura

$$\xi = \rho\cos g\cos h, \qquad \eta = \rho\sin g\cos h, \qquad \zeta = \rho\sin h.$$

Or il n'est pas difficile de voir que le point du cercle de l'écliptique où tombe la projection du rayon ρ est celui qu'on appelle en Astronomie le *nonagésime;* donc l'angle g sera égal à la longitude du nonagésime pour le lieu donné, et l'angle h sera la distance du nonagésime au zénith de ce lieu, c'est-à-dire le complément à 90° de la hauteur du nonagésime. Ainsi, connaissant la longitude et la hauteur du nonagésime, on aura sur-le-champ les valeurs des coordonnées cherchées. Or on a déjà des tables toutes calculées, par lesquelles on peut trouver ces deux élémens pour un tems quelconque et pour une latitude terrestre quelconque; mais la grande étendue de ces tables, qui occupent deux volumes in-8°, les rend d'un usage peu commun, et l'objet principal de ce Mémoire est de donner des moyens plus simples et plus abrégés de parvenir au même but; c'est pourquoi nous allons déterminer directement les valeurs des coordonnées dont il s'agit.

6. Soit φ l'angle que le rayon de la terre ρ, aboutissant au lieu de l'observateur sur la surface, fait avec le plan de l'équateur, et θ l'angle que la projection du même rayon sur ce plan fait avec la ligne de l'équinoxe du printems; il est visible que si on veut rapporter le lieu de l'observateur au plan de l'équateur, par le moyen de trois coordonnées rectangles ξ', η', ζ', dont la première ξ' soit prise dans la ligne de l'équinoxe, la seconde η' soit perpendiculaire à cette ligne dans le plan de l'équateur, et la troisième ζ' soit perpendiculaire à ce même plan, il est visible, dis-je, qu'on aura des formules analogues aux précédentes, savoir:

$$\xi' = \rho \cos\theta \cos\varphi, \quad \eta' = \rho \sin\theta \cos\varphi, \quad \zeta' = \rho \sin\varphi.$$

Maintenant, comme le plan de l'écliptique coupe celui de l'équateur dans la ligne des équinoxes, et est élevé sur ce même plan d'un angle égal à l'obliquité de l'écliptique, que nous désignerons par ω, il est aisé de trouver, par la théorie du changement des coordonnées, que l'on aura, par rapport à l'écliptique,

$$\xi = \xi', \quad \eta = \eta' \cos\omega + \zeta' \sin\omega, \quad \zeta = \zeta' \cos\omega - \eta' \sin\omega;$$

de sorte qu'en substituant il viendra

$$\begin{aligned} \xi &= \rho \cos\theta \cos\varphi, \\ \eta &= \rho\,(\sin\theta \cos\varphi \cos\omega + \sin\varphi \sin\omega), \\ \zeta &= \rho\,(\sin\varphi \cos\omega - \sin\theta \cos\varphi \sin\omega). \end{aligned}$$

Et il est aisé de voir que ces valeurs sont telles que $\xi^2 + \eta^2 + \zeta^2 = \rho^2$, comme cela doit être.

7. A l'égard des angles θ et φ, il est évident que θ n'est autre chose que l'angle que le méridien du lieu de l'observateur fait avec le colure de l'équinoxe du printems; c'est par conséquent ce qu'on appelle l'*ascension droite du milieu du ciel*, et qu'on trouve dans toutes les Éphémérides pour tous les jours à midi; c'est, comme l'on sait, la somme de la longitude moyenne du soleil, et du tems moyen converti en degrés, à raison de 15° par heure.

Quant à l'autre angle φ, il est visible que dans l'hypothèse de la terre sphérique, cet angle est égal à la latitude terrestre supposée boréale du lieu proposé; mais dans le cas de la terre sphéroïdique, si on nomme ε le rapport du petit axe au grand axe, et que φ' soit la latitude terrestre observée, c'est-à-dire l'angle de la verticale avec le plan de l'équateur, on a $\tan\varphi = \varepsilon^2 \tan\varphi'$, d'où l'on tire, par les séries,

$$\varphi = \varphi' - \frac{1-\varepsilon^2}{1+\varepsilon^2}\sin 2\varphi' + \frac{1}{2}\left(\frac{1-\varepsilon^2}{1+\varepsilon^2}\right)\sin 4\varphi', \quad \text{etc.}$$

La différence entre φ et φ' est, comme l'on voit, très-petite dans le cas de la terre, où $\varepsilon = \frac{1}{230}$, suivant Newton; et dans cette hypothèse, nos Tables astronomiques donnent les valeurs de $\varphi' - \varphi$ pour tous les degrés de latitude (tome III, p. 165, 167, col. 4). Cette différence entre φ' et φ peut s'appeler la *réduction de la latitude observée* φ', et l'angle φ peut se nommer, en conséquence, la *latitude réduite*, et ce sera celle qu'il faudra toujours employer dans nos formules.

Pour ce qui concerne le rayon ρ du sphéroïde, en prenant le rayon de l'équateur pour l'unité, on a $\rho = \frac{\varepsilon}{\sqrt{\left(\frac{1+\varepsilon^2}{2} - \frac{1-\varepsilon^2}{2}\cos 2\varphi\right)}}$; et si on substitue à la place de $\cos 2\varphi$ sa valeur en φ', laquelle, à cause de $\cos 2\varphi = \frac{1-\text{tang}\,\varphi^2}{1+\text{tang}\,\varphi^2}$, est égale à $\frac{1-\varepsilon^4+(1+\varepsilon^4)\cos 2\varphi'}{1+\varepsilon^4+(1-\varepsilon^4)\cos 2\varphi'}$, on trouve $\rho = \sqrt{\frac{1+\varepsilon^4+(1-\varepsilon^4)\cos 2\varphi'}{1+\varepsilon^2+(1-\varepsilon^2)\cos 2\varphi'}}$; d'où l'on peut aisément tirer la valeur de ρ exprimée par une série très-convergente qui procède suivant les cosinus des angles multiples de 2φ ou de $2\varphi'$.

Dans l'endroit déjà cité des Tables astronomiques, on trouve la valeur de ρ en toises, pour chaque degré de latitude φ'; on y trouve aussi (pages citées, col. 6), en parties du rayon de l'équateur, la valeur de $\rho\cos(\varphi'-\varphi)$, c'est-à-dire la distance du centre de la terre au plan horizontal du lieu dont la latitude apparente est φ'; et cette valeur est proprement celle par laquelle il faut multiplier le sinus de la parallaxe horizontale équatorienne, pour avoir le sinus de la vraie parallaxe horizontale hors de l'équateur.

Dans la suite nous n'aurons pas besoin de cette parallaxe, mais seulement de celle dont le sinus est au sinus de la parallaxe horizontale équatorienne comme ρ à 1, et que nous nommerons, pour la distinguer de l'autre, la *plus grande parallaxe de hauteur*. Ainsi ayant la parallaxe horizontale équatorienne par les tables, il faudra multiplier son sinus par le nombre correspondant à la latitude du lieu dans la sixième colonne de la Table citée, et de plus, par la sécante de l'angle de la quatrième colonne de la même Table, pour avoir le sinus de la plus grande parallaxe de hauteur.

8. Nous avons supposé jusqu'ici que les trois axes des coordonnées sont, le premier, dans la ligne de l'équinoxe du printems, le second, perpendiculaire à cette ligne dans le plan de l'écliptique du côté de l'orient, le troisième, perpendiculaire au plan de l'écliptique dans l'hémisphère boréal, et que ces trois axes se coupent au centre de la sphère.

Pour donner maintenant plus d'étendue à nos formules, nous changerons encore la position de ces axes, ensorte que le premier se trouve dirigé vers un astre quelconque dont la longitude soit α et la latitude boréale β; que le second axe soit perpendiculaire à celui-là et placé dans le plan de l'écliptique à l'orient du premier, et que le troisième axe soit perpendiculaire à ces deux-là dans l'hémisphère boréal.

Pour cela nous commencerons par changer la position des deux premiers axes, ensorte qu'ils demeurent dans l'écliptique, mais qu'ils soient plus avancés vers l'orient d'un angle $=\alpha$. Et nommant pour un moment x', y' les nouvelles coordonnées dans lesquelles les coordonnées x, y

doivent se changer par ce déplacement des axes, on aura visiblement

$$x' = x\cos\alpha + y\sin\alpha, \qquad y' = y\cos\alpha - x\sin\alpha.$$

Maintenant il est clair que l'axe des y' a déjà la position convenable, et qu'il n'y a plus qu'à faire tourner les deux autres axes autour de celui-ci, ensorte que l'axe des x' s'élève vers le pôle boréal de l'écliptique et fasse avec le plan de l'écliptique un angle $=\beta$. Or, nommant x'' et z' les nouvelles coordonnées dans lesquelles doivent se changer les coordonnées précédentes x', z, on aura pareillement

$$x'' = x'\cos\beta + z\sin\beta, \qquad z' = z\cos\beta - x'\sin\beta,$$

et les coordonnées cherchées seront x'', y', z', que nous dénoterons dans la suite par rl, rm, rn, ensorte que $l^2 + m^2 + n^2 = 1$.

Les substitutions faites, on aura donc

$$\begin{aligned} rl &= (x\cos\alpha + y\sin\alpha)\cos\beta + z\sin\beta, \\ rm &= y\cos\alpha - x\sin\alpha, \\ rn &= z\cos\beta - (x\cos\alpha + y\sin\alpha)\sin\beta. \end{aligned}$$

L'axe des coordonnées rl est dirigé à un point de la sphère dont la longitude est α et la latitude boréale β; l'axe des coordonnées rm est perpendiculaire au précédent dans le plan de l'écliptique et du côté de l'orient, de sorte que cet axe fait avec la ligne de l'équinoxe du printems un angle $= 90° + \alpha$; enfin l'axe des coordonnées rn est perpendiculaire à ces deux-là dans l'hémisphère boréal, par conséquent cet axe est dans le plan du cercle de latitude β.

9. Les formules précédentes sont pour le lieu vrai de l'astre; on aura de même pour son lieu apparent (n° 4)

$$\begin{aligned} r'l' &= (x'\cos\alpha + y'\sin\alpha)\cos\beta + z'\sin\beta, \\ r'm' &= y'\cos\alpha - x'\sin\alpha, \\ r'n' &= z'\cos\beta - (x'\cos\alpha + y'\sin\alpha)\sin\beta; \end{aligned}$$

mettant pour x', y', z' leurs valeurs $x-\xi$, $y-\eta$, $z-\zeta$ (n° cité), et faisant, pour abréger,

$$\frac{(\xi\cos\alpha + \eta\sin\alpha)\cos\beta + \zeta\sin\beta}{\rho} = \lambda,$$

$$\frac{\eta\cos\alpha - \xi\sin\alpha}{\rho} = \mu,$$

$$\frac{\zeta\cos\beta - (\xi\cos\alpha + \eta\sin\alpha)\sin\beta}{\rho} = \nu,$$

$\frac{\rho}{r} = \pi$ sinus de la plus grande parallaxe de hauteur de l'astre (n° 3), on aura

$$\begin{aligned} r'l' &= r(l - \pi\lambda), \\ r'm' &= r(m - \pi\mu), \\ r'n' &= r(n - \pi\nu). \end{aligned}$$

Ce sont les valeurs des trois coordonnées rectangles du lieu apparent de l'astre, rapportées aux mêmes axes que les coordonnées rl, rm, rn du lieu vrai.

Or comme r' est (hyp.) la distance du lieu apparent au centre de la sphère, qui est en même tems l'origine des coordonnées, on aura $l'^2+m'^2+n'^2=1$. De plus, à cause de $\xi^2+\eta^2+\zeta^2=\rho^2$ (n° 6), il est visible qu'on aura aussi $\lambda^2+\mu^2+\nu^2=1$.

10. De là il s'ensuit d'abord qu'en ajoutant ensemble les carrés des équations précédentes et extrayant la racine carrée, on aura

$$\frac{r'}{r}=\sqrt{[1-2\pi(l\lambda+m\mu+n\nu)+\pi^2]},$$

ce qui sert à déterminer la distance apparente de l'astre par sa distance vraie.

11. Pour avoir maintenant les valeurs de l, m, n en longitudes et latitudes, il n'y aura qu'à substituer dans les formules du n° 8, pour x, y, z leurs valeurs (n° 2), et divisant par r on aura

$$\begin{aligned}
l &= \cos(a-\alpha)\cos b\cos\beta+\sin b\sin\beta,\\
m &= \sin(a-\alpha)\cos b,\\
n &= \sin b\cos\beta-\cos(a-\alpha)\cos b\sin\beta,
\end{aligned}$$

et l'on aura $l^2+m^2+n^2=1$, comme cela doit être.

Quant aux valeurs de λ, μ, ν, on les trouvera par la substitution de celles de ξ, η, ζ du n° 6 dans les expressions ci-dessus, et il viendra

$$\begin{aligned}
\lambda &= (\cos\theta\cos\varphi\cos\alpha+\sin\theta\cos\varphi\cos\omega\sin\alpha+\sin\varphi\sin\omega\sin\alpha)\cos\beta\\
&\quad+(\sin\varphi\cos\omega-\sin\theta\cos\varphi\sin\omega)\sin\beta,\\
\mu &= \sin\theta\cos\varphi\cos\omega\cos\alpha+\sin\varphi\sin\omega\cos\alpha-\cos\theta\cos\varphi\sin\alpha,\\
\nu &= (\sin\varphi\cos\omega-\sin\theta\cos\varphi\sin\omega)\cos\beta\\
&\quad-(\cos\theta\cos\varphi\cos\alpha+\sin\theta\cos\varphi\cos\omega\sin\alpha+\sin\varphi\sin\omega\sin\alpha)\sin\beta.
\end{aligned}$$

12. Cela posé, imaginons un plan qui touche la sphère céleste, dont je suppose le rayon $=1$, au point auquel se dirige le premier axe des coordonnées, c'est-à-dire l'axe des abscisses rl, et dont la longitude est α, la latitude β, et supposons que du centre de la sphère on projette sur ce plan les lieux tant vrais qu'apparens des astres, comme aussi les différens cercles de la sphère; il est clair que les lieux ainsi projetés seront dans les points d'intersection des rayons menés vers les lieux des astres avec le plan proposé, et que tous les grands cercles de la sphère seront représentés sur le plan de projection par des lignes droites, formées par l'intersection des différens plans de ces cercles avec le plan dont il s'agit.

Soit C le point où le plan de projection touche la sphère; qu'on mène par ce point deux droites ED, FH perpendiculaires entr'elles, et dont la première représente le cercle de latitude qui passe par le point C, et la seconde représente le grand cercle qui coupe celui-là perpendiculairement dans le même point C. Il est facile de concevoir que toutes les droites perpendiculaires à ED représenteront de même des grands cercles perpendiculaires au cercle de latitude, et que de même toutes les droites perpendiculaires à FG représenteront des grands cercles perpendiculaires au grand cercle représenté par FG. Enfin il est visible que toute droite telle que PR, menée par le point C, représentera un grand cercle faisant avec le cercle de latitude un angle égal à l'angle PCE des deux droites PC, CE.

Soit maintenant P le lieu de l'astre projeté sur le plan dont il s'agit, et soit abaissée de P sur CF la perpendiculaire PF; il est clair que si cette planète se trouvait justement dans le plan de projection dont la distance au centre de la sphère est supposée $= 1$, on aurait pour les trois coordonnées rectangles du lieu de la planète les quantités 1, CF, FP, puisque l'axe des abscisses est supposé passer par le point C, perpendiculairement au plan de projection, et que les deux autres axes sont (hyp.) parallèles aux lignes FH, DE. Si la planète est hors du plan de projection, mais cependant sur le même rayon qui passe par le point P de ce plan; alors il est visible que ces coordonnées seront plus ou moins grandes, suivant que la planète sera plus ou moins éloignée du centre de la sphère que n'est le point P, mais elles conserveront toujours le même rapport entr'elles. Ainsi prenant une quantité indéterminée h, ces coordonnées seront h, $h\times CF$, $h\times FP$. Mais les coordonnées du lieu vrai de la planète sont rl, rm, rn (n° 8); donc $h=rl$, $h\times CF=rm$, $h\times FP=rn$; donc $CF=\frac{m}{l}$, $FP=\frac{n}{l}$.

13. Nommons maintenant CF, p et PF, q; les deux quantités p et q seront donc l'abscisse et l'ordonnée du lieu P de la planète dans le plan de projection, et l'on aura $p=\frac{m}{l}$, $q=\frac{n}{l}$.

Pour avoir maintenant le lieu apparent P' de la même planète dans le plan de projection, il n'y aura qu'à marquer les lettres précédentes d'un trait, et l'on aura $p'=\frac{m'}{l'}$, $q'=\frac{n'}{l'}$, où p' sera l'abscisse CF', et q' l'ordonnée $F'P'$. Substituant à la place de l', m', n' leurs valeurs tirées des formules du n° 9, on aura donc

$$p'=\frac{m-\pi\mu}{l-\pi\lambda},\qquad q'=\frac{n-\pi\nu}{l-\pi\lambda}.$$

Ainsi on pourra déterminer par ces formules la position des lieux vrais et apparens d'un astre quelconque sur le plan de projection. Il ne reste plus qu'à voir comment on pourra déduire de ces positions les distances angulaires des astres vus du centre de la sphère.

14. Et d'abord il est clair que comme les lieux des astres dans le plan de projection sont aux mêmes points où ce plan est traversé par

les rayons menés du centre de la sphère aux mêmes astres, les distances angulaires de ces astres vus du centre de la sphère, seront les mêmes que si les astres étaient réellement placés dans le plan de projection. De sorte qu'à cet égard on peut regarder les lieux projetés comme les véritables lieux des astres.

Cela posé, supposons en premier lieu, que l'un des astres dont on cherche la distance angulaire soit au point C, et l'autre au point P; il est visible que la distance rectiligne PC de ces astres sera la tangente de la distance angulaire cherchée, puisque le centre de la sphère répond perpendiculairement au point C du plan de projection. De plus, l'arc de grand cercle qui joint les deux astres fera avec la partie boréale du cercle de latitude du premier astre, un angle égal à PCE.

Soit δ la distance angulaire des deux astres, et γ l'angle de l'arc qui joint ces astres avec le cercle de latitude du premier astre C, on aura

$$\tang \delta = \sqrt{(p^2 + q^2)} \text{ et } \tang \gamma = \frac{q}{p}.$$

Donc si on veut rapporter au même astre C le lieu apparent P' de l'autre astre, et qu'on désigne par δ' et γ' les angles analogues à δ et γ, on aura de même $\tang \delta' = \sqrt{(p'^2 + q'^2)}$ et $\tang \gamma' = \frac{q'}{p'}$.

Si on substitue à la place de p, q et de p', q' leurs valeurs (n° préc.), on aura

$$\tang \delta = \frac{\sqrt{(m^2 + n^2)}}{l}, \qquad \tang \gamma = \frac{n}{m},$$

$$\tang \delta' = \frac{\sqrt{(\overline{m - \pi\mu}^2 + \overline{n - \pi\nu}^2)}}{l - \pi\lambda}, \quad \tang \gamma' = \frac{n - \pi\nu}{m - \pi\mu}.$$

Par ces formules on aura donc la position des lieux vrais et apparens de l'astre P, dont la longitude est a et la latitude b, par rapport au lieu vrai de l'astre C, dont la longitude est α et la latitude β.

Ces formules pourront donc être d'usage lorsque la parallaxe de l'astre C sera nulle, comme cela a lieu pour les étoiles fixes, ou du moins lorsqu'elle sera si petite qu'on croira pouvoir la négliger; c'est le cas du soleil dans un grand nombre d'occasions. Mais quand on voudra tenir compte également des parallaxes des deux astres, il faudra chercher leur distance angulaire sans supposer que l'un d'eux soit au point C. C'est ce que nous allons faire dans le numéro suivant.

15. Soient donc deux astres P et Q, dont on cherche la distance angulaire vue du centre de la sphère.

Soient pour le premier de ces astres l'abscisse $CF = p$, l'ordonnée $FP = q$ comme plus haut; et pour le second, soient de même l'abscisse $CG = P$, l'ordonnée $GQ = Q$, on aura la distance $CP = \sqrt{(p^2 + q^2)}$, la distance $CQ = \sqrt{(P^2 + Q^2)}$ et la distance $PQ = \sqrt{(\overline{P - p}^2 + \overline{Q - q}^2)}$. Or l'angle que l'on cherche est celui qui est formé au centre de la sphère par les deux rayons menés de ce centre aux points P et Q, et il est visible que ces rayons sont $\sqrt{(1+\overline{PC}^2)}$ et $\sqrt{(1+\overline{CQ}^2)}$, c'est-à-dire $\sqrt{(1+p^2+q^2)}$ et $\sqrt{(1+P^2+Q^2)}$.

L'angle dont il s'agit est donc celui qui est compris entre les deux côtés $\sqrt{(1+p^2+q^2)}$ et $\sqrt{(1+P^2+Q^2)}$ d'un triangle rectiligne dont le troisième côté est PQ ou $\sqrt{(\overline{P-p}^2+\overline{Q-q}^2)}$. Donc nommant Σ cet angle, on aura, par la propriété connue des triangles rectilignes,

$$\cos\Sigma = \frac{1+P^2+Q^2+1+p^2+q^2-\overline{P-p}^2-\overline{Q-q}^2}{2\sqrt{(1+P^2+Q^2)}\times\sqrt{(1+p^2+q^2)}},$$

c'est-à-dire,

$$\cos\Sigma = \frac{1+Pp+Qq}{\sqrt{(1+P^2+Q^2)}\times\sqrt{(1+p^2+q^2)}},$$

d'où l'on tire

$$\sin\Sigma = \frac{\sqrt{[(1+P^2+Q^2)\times(1+p^2+q^2)-\overline{1+Pp+Qq}^2]}}{\sqrt{(1+P^2+Q^2)}\times\sqrt{(1+p^2+q^2)}}.$$

Or la quantité qui est sous le signe, dans le numérateur de cette formule, se réduit facilement à $\overline{P-p}^2+\overline{Q-q}^2+\overline{Pq-Qp}^2$; donc divisant le sinus par le cosinus, on aura

$$\tang\Sigma = \frac{\sqrt{(\overline{P-p}^2+\overline{Q-q}^2+\overline{Pq-Qp}^2)}}{1+Pp+Qq},$$

c'est la tangente de la distance angulaire des deux astres vus du centre de la sphère.

Cette distance est la distance vraie, parce que les quantités p, q, P, Q sont censées appartenir aux lieux vrais des astres ; pour avoir la distance apparente des mêmes astres, que je désignerai par Σ', il n'y aura qu'à marquer toutes les lettres d'un trait, ce qui donnera

$$\tang\Sigma' = \frac{\sqrt{(\overline{P'-p'}^2+\overline{Q'-q'}^2+\overline{P'q'-Q'p'}^2)}}{1+P'p'+Q'q'}.$$

A l'égard des quantités P, Q, P', Q', on les déterminera par des formules semblables à celles qui expriment les quantités p, q, p', q' (n° 13).

Pour cela on désignera par A la longitude et par B la latitude de l'astre Q, et par L, M, N ce que deviennent les quantités l, m, n du n° 11, en y changeant a en A et b en B ; l'on aura sur-le-champ $P=\frac{M}{L}$, $Q=\frac{N}{L}$; ensuite nommant Π le sinus de la plus grande parallaxe de hauteur de l'astre Q, on aura $P'=\frac{M-\Pi\mu}{L-\Pi\lambda}$, $Q'=\frac{N-\Pi\nu}{L-\Pi\lambda}$, les quantités λ, μ, ν demeurant les mêmes pour les deux astres, puisqu'elles sont indépendantes des angles a et b.

16. On peut représenter la valeur de $\tang\Sigma$ d'une manière assez

simple, par le moyen des lignes PC, QC, PQ et de l'angle PCQ; car on a d'abord $\overline{P-p}^2+\overline{Q-q}^2=\overline{PQ}^2$; ensuite nommant, comme plus haut, l'angle PCE, γ, et pareillement l'angle QCE, Γ, on aura $p=CP\times\sin\gamma$, $q=CP\times\cos\gamma$, $P=CQ\times\sin\Gamma$, $Q=CQ\times\cos\Gamma$; donc $Pq-Qp=CP\times CQ\times\sin(\Gamma-\gamma)=-CP\times CQ\sin PCQ$, et $Pp+Qq=CP\times CQ\cos(\Gamma-\gamma)=CP\times CQ\cos PCQ$. Donc faisant ces substitutions, on aura

$$\operatorname{tang}\Sigma=\frac{\sqrt{(\overline{PQ}^2+\overline{CP}^2\times\overline{CQ}^2\times\overline{\sin PCQ}^2)}}{1+\overline{CP}\times\overline{CQ}\times\cos PCQ}.$$

De même si P' et Q' sont les lieux apparens des astres P et Q, on aura

$$\operatorname{tang}\Sigma'=\frac{\sqrt{(\overline{P'Q'}^2+\overline{P'C}^2\times\overline{Q'C}^2\times\overline{\sin P'CQ'}^2)}}{1+P'C\times Q'C\times\cos P'CQ'}.$$

17. Les formules précédentes ont lieu généralement, quelles que soient les positions des astres P et Q; mais si on suppose que l'astre Q tombe au point C, alors il est visible qu'on aura $P=0$, $Q=0$; donc $M=0$, $N=0$; et comme $L^2+M^2+N^2=1$ (hyp.), on aura $L=1$; c'est aussi ce qu'on peut trouver, d'après les valeurs de L, M, N, en y faisant $A=\alpha$, $B=\beta$. On aura donc dans ce cas $\operatorname{tang}\Sigma=\sqrt{(p^2+q^2)}$, ce qui s'accorde avec les résultats du n° 14, où δ est la même chose que Σ dans le cas présent, c'est-à-dire, la distance angulaire des deux astres C et P. Mais la distance apparente Σ' ne sera plus la même que la distance apparente δ' du n° cité, pour laquelle on a la formule $\operatorname{tang}\delta'=\sqrt{(p'^2+q'^2)}$; car ici P' et Q' ne seront pas nuls, mais auront les valeurs suivantes :

$$P'=-\frac{\Pi\mu}{1-\Pi\lambda},\qquad Q'=-\frac{\Pi\nu}{1-\Pi\lambda},$$

qui sont, comme l'on voit, l'effet de la parallaxe de l'astre Q ou C, qu'on avait supposé nulle dans le cas du n° cité.

18. Au reste, si on voulait aussi connaître l'angle que la ligne PQ fait avec CE, il est clair qu'en nommant σ cet angle, on aurait $\operatorname{tang}\sigma=\frac{GC-FC}{GQ-FP}=\frac{P-p}{Q-q}$, (*) et cet angle σ sera celui que le grand cercle passant par les lieux vrais des deux astres fera avec le cercle de latitude passant par le point C, dont la longitude est α et la latitude β.

Donc aussi désignant par σ' l'angle du grand cercle qui passe par les lieux apparens avec le même cercle de latitude, on aura ...... $\operatorname{tang}\sigma'=\frac{P'-p'}{Q'-q'}$.

(*) L'angle que les deux lignes CG et PQ forment entr'elles, n'est égal, comme M. Henry l'a remarqué, à celui qui est compris entre le cercle de latitude du point C et le grand cercle qui joint les lieux vrais des deux astres, que dans le seul cas où l'un d'eux se trouve réellement au point C; ceci, au demeurant, n'a aucune influence sur la suite du Mémoire.

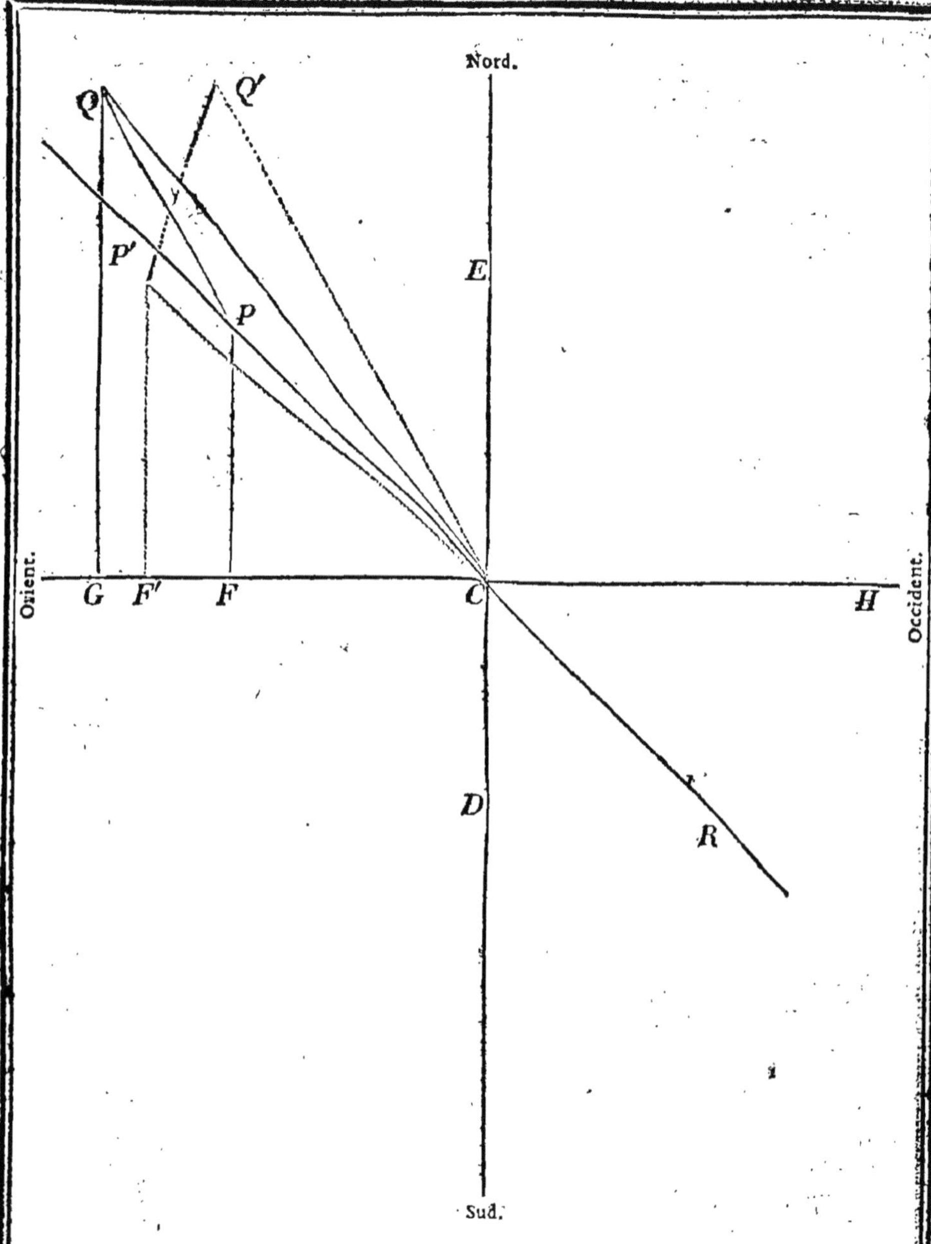

ARTICLE II.

Simplication des formules précédentes, et manière de faciliter le calcul de ces formules par le moyen de quelques Tables.

19. Nous venons de résoudre le problème des distances apparentes des astres, par une méthode qui joint à la plus grande généralité toute

l'exactitude et la simplicité dont la matière est susceptible. Mais comme dans cette méthode on a supposé que la position du plan de projection était arbitraire, cette position dépendant uniquement des angles indéterminés α et β, dont le premier représente la longitude, et le second la latitude du point de la sphère auquel le plan de projection est supposé tangent, il est visible qu'on pourra rendre la solution du problème encore plus simple, en déterminant convenablement la valeur des angles dont il s'agit, ce qui n'apportera d'ailleurs aucune restriction ni à la généralité, ni à l'exactitude de cette solution; c'est ce que nous allons examiner.

On a trouvé en général, pour la détermination de la distance apparente Σ', la formule rigoureuse

$$\tang \Sigma' = \frac{\sqrt{(P'-p')^2 + (q'-Q')^2 + (p'Q'-q'P')^2}}{1 + p'P' + q'Q'},$$

dans laquelle

$$p' = \frac{m - \pi\mu}{l - \pi\lambda}, \qquad q' = \frac{n - \pi\nu}{l - \pi\lambda},$$

$$P' = \frac{M - \Pi\mu}{L - \Pi\lambda}, \qquad Q' = \frac{N - \Pi\nu}{L - \Pi\lambda},$$

et

$$\begin{aligned}
l &= \cos(a-\alpha)\cos b\cos\beta + \sin b\sin\beta,\\
m &= \sin(a-\alpha)\cos b,\\
n &= \sin b\cos\beta - \cos(a-\alpha)\cos b\sin\beta,\\
L &= \cos(A-\alpha)\cos B\cos\beta + \sin B\sin\beta,\\
M &= \sin(A-\alpha)\cos B,\\
N &= \sin B\cos\beta - \cos(A-\alpha)\cos B\sin\beta,\\
\lambda &= (\cos\theta\cos\varphi\cos\alpha + \sin\theta\cos\varphi\cos\omega\sin\alpha + \sin\varphi\sin\omega\sin\alpha)\cos\beta\\
&\quad + (\sin\varphi\cos\omega - \sin\theta\cos\varphi\sin\omega)\sin\beta,\\
\mu &= \sin\theta\cos\varphi\cos\omega\cos\alpha + \sin\varphi\sin\omega\cos\alpha - \cos\theta\cos\varphi\sin\alpha,\\
\nu &= (\sin\varphi\cos\omega - \sin\theta\cos\varphi\sin\omega)\cos\beta\\
&\quad - (\cos\theta\cos\varphi\cos\alpha + \sin\theta\cos\varphi\cos\omega\sin\alpha + \sin\varphi\sin\omega\sin\alpha)\sin\beta.
\end{aligned}$$

Dans ces expressions A est la longitude d'un des deux astres, que nous nommerons dorénavant le *premier*, B est sa latitude, et Π est le sinus de sa plus grande parallaxe de hauteur; de même a est la longitude de l'autre astre, que nous nommerons le *second*, b sa latitude, et π le sinus de sa plus grande parallaxe de hauteur; ensuite ω est l'obliquité de l'écliptique, θ l'ascension droite du milieu du ciel au tems de l'observation, et φ la latitude corrigée du lieu de l'observateur (n° 7).

Enfin on se souviendra que les quantités précédentes sont telles que $l^2 + m^2 + n^2 = 1$, $L^2 + M^2 + N^2 = 1$, $\lambda^2 + \mu^2 + \nu^2 = 1$, ce qui peut être utile dans plusieurs occasions.

20. Comme dans les formules précédentes les angles α et β demeurent

arbitraires, il s'agit maintenant de voir quelle valeur il convient de leur donner, pour qu'il en résulte la plus grande simplicité et commodité dans le calcul.

Et d'abord il est visible que ces formules se simplifieront beaucoup en faisant $\beta=0$ et $\alpha=A$; car alors on aura, en supposant $a-A=t$,

$$\begin{array}{lll} l=\cos t\cos b, & m=\sin t\cos b, & n=\sin b, \\ L=\cos B, & M=0, & N=\sin B, \end{array}$$
$$\lambda=\cos\theta\cos\varphi\cos A+\sin\theta\cos\varphi\cos\omega\sin A+\sin\varphi\sin\omega\sin A,$$
$$\mu=\sin\theta\cos\varphi\cos\omega\cos A+\sin\varphi\sin\omega\cos A-\cos\theta\cos\varphi\sin A,$$
$$\nu=\sin\varphi\cos\omega-\sin\theta\cos\varphi\sin\omega.$$

Ces suppositions consistent, comme l'on voit, à prendre le plan de projection perpendiculaire à l'écliptique et tangent au cercle de latitude du premier astre.

21. En second lieu, on aura aussi une grande simplification en gardant la supposition de $\alpha=A$, et en faisant pareillement $\beta=B$ au lieu de $\beta=0$; car par ce moyen on aura $L=1$, $M=0$, $N=0$; mais en revanche, les valeurs de l, m, n et de λ, μ, ν seront un peu plus compliquées.

Faisant donc $\alpha=A$ et $\beta=B$, et supposant $a-A=t$, $b-B=u$, on aura

$$l=\cos t\cos B\cos b+\sin B\sin b=\cos u+2\sin^2\frac{t}{2}\cos B\cos b,$$
$$m=\sin t\cos b,$$
$$n=\cos B\sin b-\cos t\sin B\cos b=\sin u+2\sin^2\frac{t}{2}\sin B\cos b;$$

ensuite $L=1$, $M=0$, $N=0$.

Et si on retient les valeurs de λ, μ, ν du n° précéd., et qu'on désigne par $\bar\lambda$, $\bar\mu$, $\bar\nu$ les valeurs de ces quantités qui ont lieu dans l'hypothèse présente, on aura

$$\bar\lambda=\lambda\cos B+\nu\sin B,\quad \bar\mu=\mu,\quad \bar\nu=\nu\cos B-\lambda\sin B;$$

de sorte qu'il n'y aura qu'à mettre dans les expressions de P', Q', p', q', au lieu de λ, ν, les quantités $\bar\lambda$, $\bar\nu$.

Cette hypothèse revient à supposer le plan de projection tangent à la sphère dans le lieu du premier astre.

22. Considérons maintenant les valeurs des quantités λ, μ, ν, d'où dépend tout l'effet des parallaxes des astres; il est clair que par les théorèmes connus on peut réduire ces valeurs à de simples sinus et cosinus, et l'on trouvera, en changeant α en A et ordonnant les termes par rapport à $\sin\omega$ et $\cos\omega$,

$$\lambda = \frac{\sin \omega}{2} [\cos (A - \varphi) - \cos (A + \varphi)]$$
$$+ \frac{1 + \cos \omega}{4} [\cos (\theta - A + \varphi) + \cos (\theta - A - \varphi)]$$
$$+ \frac{1 - \cos \omega}{4} [\cos (\theta + A - \varphi) + \cos (\theta + A + \varphi)],$$
$$\mu = - \frac{\sin \omega}{2} [\sin (A - \varphi) - \sin (A + \varphi)]$$
$$+ \frac{1 + \cos \omega}{4} [\sin (\theta - A + \varphi) + \sin (\theta - A - \varphi)]$$
$$- \frac{1 - \cos \omega}{4} [\sin (\theta + A - \varphi) + \sin (\theta + A + \varphi)],$$
$$\nu = - \frac{\sin \omega}{2} [\sin (\theta + \varphi) + \sin (\theta - \varphi)]$$
$$+ \cos \omega \sin \varphi.$$

Comme l'obliquité de l'écliptique ω est à très-peu près constante, on voit qu'il est facile de réduire les valeurs précédentes en Tables; et pour cela il n'y aura qu'à construire quatre Tables, dont la première donne les valeurs de $\frac{\sin \omega}{2} \sin V$, pour tous les degrés et les minutes de V, depuis 0 jusqu'à 90°; la seconde donne de même les valeurs de $\frac{1 + \cos \omega}{4} \sin V$; la troisième donne celles de $\frac{1 - \cos \omega}{4} \sin V$; et enfin la quatrième donne les valeurs de $\cos \omega \sin V$; et il est visible que pour avoir cette quatrième Table, il n'y aura qu'à soustraire les nombres de la troisième de ceux de la seconde, et doubler ensuite les différences.

Ces Tables, une fois construites, serviront pour trouver les valeurs de λ, μ, ν pour un tems quelconque et pour un lieu quelconque de la terre.

Pour cet effet on prendra dans la première Table, pour μ, les argumens $\varphi - A$ et $180° - \varphi - A$; pour λ, leurs complémens à 90°, et pour ν, les argumens $\varphi - \theta$ et $180° + \varphi + \theta$; dans la seconde Table, on prendra pour μ les argumens $\theta - A + \varphi$ et $\theta - A - \varphi$; pour λ, leurs complémens à 90°; dans la troisième Table, on prendra pour μ les argumens $\varphi - A - \theta$ et $360° - \varphi - A - \theta$; pour λ, leurs complémens à 90°; enfin dans la quatrième Table, on prendra pour ν, l'argument φ.

Ajoutant ensemble les différens nombres qui répondent à ces argumens, on aura sur-le-champ les valeurs des quantités λ, μ, ν.

Pour rendre ces Tables d'un usage aussi général qu'il est possible, il sera bon de les calculer pour l'obliquité moyenne 23° 28', et y ajouter ensuite les différences pour la variation d'une minute dans l'obliquité ω. Ces différences sont très-faciles à trouver, d'après les Tables mêmes, car à cause de $d.\sin \omega = \cos \omega d\omega$, et $d.\cos \omega = - \sin \omega d\omega$, il est visible que pour avoir les différences de la première Table, il n'y aura qu'à prendre la moitié des nombres de la quatrième, et les multiplier par $\sin 1'$; pour avoir celles de la seconde Table, on prendra la moitié des nombres de la première et on les multipliera par $\sin 1'$; pour avoir celles de la troisième Table, on prendra les différences de la seconde avec des signes contraires; enfin pour avoir les différences de la quatrième Table, il n'y aura qu'à prendre le double des nombres de la première, et les multiplier aussi par $\sin 1'$.

23. Je remarque, de plus, que comme les quantités λ, μ, ν doivent être multipliées par π ou Π, si on fait $\pi = \sin\psi$ et $\Pi = \sin\Psi$, ensorte que ψ et Ψ soient les angles des plus grandes parallaxes des deux astres, on aura à calculer les quantités $\lambda\sin\psi$, $\mu\sin\psi$, $\nu\sin\psi$ et $\lambda\sin\Psi$, $\mu\sin\Psi$, $\nu\sin\Psi$; or la plus grande de toutes les parallaxes des astres étant celle de la lune, qui ne va qu'à environ $1°$, et la plus grande valeur de λ, μ, ν étant 1, à cause de $\lambda^2 + \mu^2 + \nu^2 = 1$, je dis qu'on pourra, sans erreur sensible, changer les quantités précédentes en $\sin\lambda\psi$, $\sin\mu\psi$, $\sin\nu\psi$, $\sin\lambda\Psi$, $\sin\mu\Psi$, $\sin\nu\Psi$. En effet, la différence entre $\lambda\sin\psi$ et $\sin\lambda\psi$ est nulle lorsque $\lambda = 0$ et $\lambda = 1$; donc cette différence sera la plus grande pour une valeur de λ moindre que 1; or lorsque ψ est $1°$, on a à très-peu près $\lambda\sin\psi = \lambda\left(\psi - \frac{\psi^3}{2.3}\right)$ et $\sin\lambda\psi = \lambda\psi - \frac{\lambda^3\psi^3}{2.3}$; donc la différence de ces deux quantités sera à très-peu près $\frac{\lambda - \lambda^3}{2.3}\psi^3$, laquelle devient la plus grande lorsque $\lambda = \frac{1}{\sqrt{3}}$. Or en faisant $\psi = 1°$ et $\lambda = \frac{1}{\sqrt{3}}$, je trouve $\lambda\sin\psi = \sin 34'\,38'',47$, et $\lambda\psi = 34'\,38'',46$; d'où l'on voit que la différence des deux angles n'est que d'un centième de seconde dans le cas où elle est la plus grande.

Cette remarque fournit un moyen de faciliter beaucoup la construction et l'usage des Tables que nous avons proposées; car comme on n'a besoin que des angles $\lambda\psi$, $\mu\psi$, $\nu\psi$, où ψ n'est guère $> 1°$, j'observe que si on construit les Tables dont il s'agit ensorte qu'elles donnent pour tous les angles V les valeurs des quantités $\frac{\sin\omega}{2}\sin V \times 1°$, $\frac{1+\cos\omega}{4}\sin V \times 1°$, $\frac{1-\cos\omega}{4}\sin V \times 1°$ et $\cos\omega\sin V \times 1°$, en degrés, minutes, secondes, etc., on aura sur-le-champ, d'après ces Tables, les valeurs des angles $\lambda\psi$, $\mu\psi$, $\nu\psi$, lorsque $\psi = 1°$; et de là, en changeant seulement dans ces valeurs les degrés en minutes, les minutes en secondes, etc., on aura la valeur des mêmes angles pour $\psi = 1'$; de même en changeant dans les premières valeurs les degrés en secondes, etc., on aura les valeurs des angles dont il s'agit pour $\psi = 1''$, et ainsi de suite; d'où il sera possible d'avoir les véritables valeurs de

$\lambda\psi$, $\mu\psi$, $\nu\psi$, pour une valeur quelconque de ψ exprimée en degrés, minutes et secondes.

A l'égard des différences correspondantes à une minute de variation dans l'obliquité ω de l'écliptique, il sera aussi beaucoup plus facile de les trouver dans les Tables que nous venons de proposer, que dans les premières ; car puisque $1^\circ \times \sin 1' = 1'',05$, il est clair que pour avoir les différences de la première Table, il n'y aura qu'à prendre la moitié des nombres de la quatrième Table, en y changeant les degrés en secondes, et ainsi du reste.

Par les Tables dont il s'agit, on trouvera donc avec la plus grande facilité les valeurs des angles $\lambda\psi$, $\mu\psi$, $\nu\psi$, $\lambda\Psi$, $\mu\Psi$, $\nu\Psi$, et les sinus de ces angles seront les valeurs de $\pi\lambda$, $\pi\mu$, $\pi\nu$, $\Pi\lambda$, $\Pi\mu$, $\Pi\nu$ qui entrent dans les expressions de p', q', P', Q' (n° 19).

ARTICLE III.

Usage des méthodes précédentes pour calculer les éclipses de soleil; les passages des planètes sur son disque; les occultations des étoiles fixes et des planètes par la lune; et pour déduire, des observations de ces phénomènes, les élémens des planètes.

24. Rien ne doit maintenant être plus facile que d'appliquer les formules et les méthodes des articles précédens à la solution des différentes questions astronomiques qui dépendent de la parallaxe. Les principales questions de ce genre sont celles qui concernent les éclipses de soleil, les passages de Vénus et de Mercure sur son disque, et les occultations des étoiles fixes et des planètes par la lune; c'est aussi à la discussion de ces sortes de questions, que nous destinons principalement cet article.

Comme dans toutes ces questions on n'a communément d'autre but que de déterminer la distance apparente des deux astres qui passent très-près l'un de l'autre, nous supposerons en général que le premier astre soit celui qui est le plus éloigné de la terre, et que le second soit celui qui en est le plus près; ainsi A, B, Π désigneront toujours la longitude, la latitude et le sinus de la parallaxe horizontale, ou, plus exactement, de la plus grande parallaxe de hauteur de l'astre le plus éloigné; et a, b, π désigneront la longitude, la latitude et le sinus de la parallaxe horizontale de l'astre le plus proche de la terre; les autres dénominations demeureront les mêmes que dans les articles précédens.

Considérons d'abord le cas d'une éclipse de soleil, ou d'un passage sur son disque; A sera donc la longitude du soleil, B sera $=0$, et Π sera le sinus de la parallaxe horizontale du soleil, ensorte que $\Pi = \sin 8''\tfrac{1}{2}$. Ensuite a sera la longitude de la lune ou de la planète, b leur latitude et π le sinus de leur parallaxe horizontale.

Dans ce cas, il est clair qu'à cause de $B=0$, les formules des nos 20 et 21 reviennent au même, et l'on aura d'abord, par ces formules, $L=1$, $M=0$, $N=0$, ce qui donnera (n° 19) $P'=-\frac{\Pi\mu}{1-\Pi\lambda}$, $Q'=-\frac{\Pi\nu}{1-\Pi\lambda}$, ensorte que ces quantités seront nécessairement très-petites.

Cette circonstance nous met dans le cas de simplifier l'expression de $\tang \Sigma'$, en y négligeant différens termes comme absolument insensibles; mais pour que cette omission ne nuise pas à la précision requise, il faut examiner *à priori* quelle est la plus grande erreur qui en peut résulter.

25. Pour cela, nous commencerons par mettre l'expression de $\tang \Sigma'$ du n° 19 sous une forme un peu plus simple, que voici.

Il est clair que $p'Q'-q'P'=Q'(p'-P')-P'(q'-Q')$, et $P'p'+Q'q'=P'^2+Q'^2+P'(p'-P')+Q'(q'-Q')$; de sorte qu'à cause de $[Q'(p'-P')-P'(q'-Q')]^2+[P'(p'-P')+Q'(q'-Q')]^2 = (P'^2+Q'^2)[(p'-P')^2+(q'-Q')^2]$, si on fait, pour abréger,

$$\sqrt{(\overline{p'-P'}^2+\overline{q'-Q'}^2)}=\tang \sigma,$$
$$\frac{Q'(p'-P')-P'(q'-Q')}{P'(p'-P')+Q'(q'-Q')}=\tang s,$$
$$\sqrt{(P'^2+Q'^2)}=f,$$

on aura

$$p'Q'-q'P'=f\tang\sigma\sin s,\qquad 1+P'p'+q'Q'=1+f\tang\sigma\cos s+f^2,$$

et l'expression de $\tang \Sigma'$ deviendra

$$\tang\Sigma'=\frac{\tang\sigma\times\sqrt{(1+f^2\sin s^2)}}{1+f\cos s\tang\sigma+f^2}.$$

Si P' et Q' étaient nuls, on aurait $f=0$; donc $\tang\Sigma'=\tang\sigma$ et $\Sigma'=\sigma$. Donc lorsque P' et Q' sont seulement très-petits, l'angle Σ' différera de l'angle σ d'une quantité du même ordre.

Pour trouver cette différence, nous nous servirons des formules que nous avons données dans notre Mémoire sur la solution de quelques problèmes, etc., imprimé parmi ceux de Berlin pour l'année 1776. Dans ce Mémoire, nous avons trouvé (n° 31) que si l'on a l'équation

$$\tang x=\frac{a\sin y+b\cos y}{\cos y+p\sin y}=\frac{a\tang y+b}{1+p\tang y};$$

et qu'on fasse

$$\frac{b-p}{1+a}=\tang\alpha,\quad \frac{b+p}{1-a}=\tang\beta,\quad \frac{\sqrt{(\overline{1-a}^2+\overline{b+p}^2)}}{\sqrt{(\overline{1+a}^2+\overline{b-p}^2)}}=K,$$

on aura

$$x = y + \alpha - K\sin(2y+\alpha-\beta)$$
$$+\frac{K^2}{2}\sin 2(2y+\alpha-\beta) - \frac{K^3}{3}\sin 3(2y+\alpha-\beta) + \text{etc.}$$

Appliquant ceci à notre cas, on fera

$$a = \frac{\sqrt{(1+f^2\sin s^2)}}{1+f^2}, \qquad p = \frac{f\cos s}{1+f^2}; \qquad b = 0,$$
$$\Sigma' = x, \qquad \sigma = y;$$

de sorte qu'on aura

$$\Sigma' = \sigma + \alpha - K\sin(2\sigma+\alpha-\beta) + \frac{K^2}{2}\sin 2(2\sigma+\alpha-\beta) - \text{etc.}$$

Or il est visible, par l'équation entre tang Σ' et tang σ, que $\Sigma' = 0$ lorsque $\sigma = 0$; donc on aura alors

$$\alpha - K\sin(\alpha-\beta) + \frac{K^2}{2}\sin 2(\alpha-\beta) - \text{etc.} = 0.$$

Substituant donc cette valeur de α dans la formule précédente et faisant, pour plus de simplicité, $\alpha-\beta=\gamma$, on aura

$$\Sigma' = \sigma - 2K\sin\sigma \times \cos(\sigma+\gamma) + \frac{2K^2}{2}\sin 2\sigma \times \cos 2(\sigma+\gamma)$$
$$-\frac{2K^3}{3}\sin 3\sigma \times \cos 3(\sigma+\gamma) + \text{etc.}$$

Or, à cause de $b=0$, on aura $\tang\gamma = \tang(\alpha-\beta) = -\frac{2p}{1-a^2-p^2}$, ce qui, en substituant les valeurs de a et p et réduisant, donne

$$\tang\gamma = -\frac{2\cos s}{f}.$$

Et par les mêmes substitutions, on trouvera

$$K = \frac{f\sqrt{\left(\cos s^2 + \frac{f^2}{4}\right)}}{1+\frac{f^2}{2}+\sqrt{(1+f^2\sin s^2)}}.$$

Or il est visible que la plus grande valeur de K a lieu lorsque $s=0$, ce qui donne

$$K = \frac{f\sqrt{\left(1+\frac{f^2}{4}\right)}}{2+\frac{f^2}{2}} = \frac{f}{2\sqrt{\left(1+\frac{f^2}{4}\right)}} < \frac{f}{2};$$

d'où l'on peut conclure que K est toujours nécessairement moindre que $\frac{f}{2}$.

Or $f = \sqrt{(P'^2 + Q'^2)} = \frac{\Pi\sqrt{(\mu^2+\nu^2)}}{1-\Pi\lambda}$; c'est-à-dire, à cause de $\lambda^2+\mu^2+\nu^2=1$, $f=\frac{\Pi\sqrt{(1-\lambda^2)}}{1-\Pi\lambda}$. Cette quantité est nulle lorsque $\lambda=1$ ou -1, qui sont les deux valeurs extrêmes de λ, et son *maximum* a lieu lorsque $\lambda=\Pi$, auquel cas $f=\frac{\Pi}{\sqrt{(1-\Pi^2)}}$. Donc, comme $\Pi=\sin\psi$, ψ étant la parallaxe horizontale du soleil, on aura pour la plus grande valeur de f, $\tang\psi$; d'où je conclus enfin que K est toujours $<\frac{\tang\psi}{2}$.

Comme l'on a $\psi=8''\frac{1}{2}$, on voit que K est une fraction excessivement petite; de sorte que la série qui exprime la différence entre les angles Σ' et σ est nécessairement très-convergente. Le premier terme de cette série étant $2K\sin\sigma\times\cos(\sigma+\gamma)$, sera toujours $<2K\sin\sigma$, et par conséquent $<8''\frac{1}{2}\sin\sigma$.

Donc tant que $\sin\sigma$ ne sera pas $>\frac{1}{10}$, ce terme donnera toujours un angle $<1''$. Ainsi lorsqu'on voudra négliger les tierces dans la valeur de Σ', on pourra négliger le terme dont il s'agit et tous les suivans, et prendre simplement $\Sigma=\sigma$, du moins tant que σ ne sera guère $>5°$.

26. Dans les éclipses de soleil, la plus grande distance apparente des centres ne surpasse pas 34′, somme des plus grands demi-diamètres du soleil et de la lune, et cette distance est encore plus petite dans les passages des planètes; donc Σ' et σ ne seront pas $>34'$; donc $\sin\sigma<\frac{1}{100}$. Par conséquent le premier terme de la série qui exprime la différence entre Σ' et σ sera $<0'',1$.

D'où il s'ensuit que dans les éclipses de soleil, et à plus forte raison dans les passages de Vénus et de Mercure sur le disque du soleil, on peut prendre $\Sigma'=\sigma$ sans commettre une erreur d'un dixième de seconde. On aura donc simplement, pour la distance apparente Σ' dans ces sortes de phénomènes, la formule

$$\tang\Sigma' = \sqrt{(\overline{p'-P'}^2 + \overline{q'-Q'}^2)}.$$

27. Cette expression de $\tang\Sigma'$, quoique déjà fort réduite, est néanmoins susceptible de l'être encore davantage.

Et d'abord, comme les quantités P' et Q' sont extrêmement petites, on pourrait les négliger tout-à-fait vis-à-vis de p et q; mais il est bon d'apprécier l'erreur qui en résulterait.

Pour cela, je remarque en général que toute quantité de la forme $\sqrt{(\overline{a+\alpha}^2+\overline{b+\beta}^2)}$ est nécessairement comprise entre ces deux limites $\sqrt{(a^2+b^2)}+\sqrt{\alpha^2+\beta^2}$ et $\sqrt{(a^2+b^2)}-\sqrt{(\alpha^2+\beta^2)}$, de sorte qu'en négligeant les quantités α et β on ne commet, sur la valeur de $\sqrt{(\overline{a+\alpha}^2 + \overline{b+\beta}^2)}$, qu'une erreur moindre que $\sqrt{(\alpha^2+\beta^2)}$.

En effet, on $\overline{a+\alpha}^2 + \overline{b+\beta}^2 = a^2+b^2+\alpha^2+\beta^2+2(a\alpha+b\beta)$; mais $\overline{a\alpha+b\beta}^2 = (a^2+b^2)(\alpha^2+\beta^2)-(a\beta-b\alpha)^2$; donc $a\alpha+b\beta$ sera toujours nécessairement comprise entre ces limites $\pm\sqrt{(a^2+b^2)}\times\sqrt{(\alpha^2+\beta^2)}$; donc les limites de $\overline{a+\alpha}^2+\overline{b+\beta}^2$ seront

$$a^2+b^2+\alpha^2+\beta^2 \pm 2\sqrt{a^2+b^2}\times\sqrt{\alpha^2+\beta^2} = (\sqrt{a^2+b^2}\pm\sqrt{\alpha^2+\beta^2})^2;$$

donc les limites de $\sqrt{(\overline{a+\alpha}^2+\overline{b+\beta}^2)}$ sont $\sqrt{a^2+b^2}\pm\sqrt{\alpha^2+\beta^2}$.

Il s'ensuit de là que la valeur de tang Σ' sera toujours comprise entre ces limites $\sqrt{(p'^2+q'^2)} \pm (P'^2+Q'^2)$; de sorte qu'en prenant simplement tang $\Sigma' = \sqrt{(p'^2+q'^2)}$, l'erreur ne surpassera jamais $\sqrt{(P'^2+Q'^2)}$.

Or on a trouvé plus haut (n° 25), que la plus grande valeur de $\sqrt{(P'^2+Q'^2)}$ est tang Ψ; donc si on fait $\sqrt{(p'^2+q'^2)} = \text{tang}\,\sigma'$, on aura, dans les cas extrêmes, $\text{tang}\,\Sigma' = \text{tang}\,\sigma' \pm \text{tang}\,\Psi$. Or $\text{tang}\,\sigma' \pm \text{tang}\,\Psi = (1 \mp \text{tang}\,\sigma'\,\text{tang}\,\Psi)\,\text{tang}\,(\sigma' \pm \Psi)$; de sorte que $\text{tang}\,\sigma' + \text{tang}\,\Psi < \text{tang}\,(\sigma'+\Psi)$, et $\text{tang}\,\sigma' - \text{tang}\,\Psi > \text{tang}\,(\sigma'-\Psi)$; par conséquent on aura, dans les cas extrêmes, $\text{tang}\,\Sigma' < \text{tang}\,(\sigma'+\Psi)$, ou $\text{tang}\,\Sigma' > \text{tang}\,(\sigma'-\Psi)$; donc $\Sigma' < \sigma'+\Psi,\ > \sigma'-\Psi$. D'où il est aisé de conclure qu'en prenant $\Sigma' = \sigma'$, c'est-à-dire, $\text{tang}\,\Sigma' = \sqrt{(p'^2+q'^2)}$, l'erreur qu'on pourra commettre sur l'angle Σ' ne pourra jamais surpasser l'angle Ψ, qui est égal à la parallaxe horizontale du soleil. Mais aussi cette erreur ne sera pas tout-à-fait à négliger, lorsqu'on voudra porter la précision jusqu'aux secondes inclusivement.

28. En général, il est facile de déduire de l'analyse précédente, que si, au lieu de la véritable équation

$$\text{tang}\,\Sigma' = \sqrt{(\overline{p'-P'}^2 + \overline{q'-Q'}^2)},$$

on prend celle-ci :

$$\text{tang}\,\Sigma' = \sqrt{(\overline{p'-P'+\alpha}^2 + \overline{q'-Q'+\beta}^2)},$$

α et β étant des quantités quelconques; l'erreur qui en résultera dans la valeur de l'angle Σ' sera toujours moindre que l'angle qui aurait pour tangente $\sqrt{(\alpha^2+\beta^2)}$.

Comme $p' = \dfrac{m-\pi\mu}{l-\pi\lambda}$, et $q' = \dfrac{n-\pi\nu}{l-\pi\lambda}$ (n° 19), si on suppose $\alpha - P' = \dfrac{\Pi l\mu}{l-\pi\lambda}$, $\beta - Q' = \dfrac{\Pi l\nu}{l-\pi\nu}$, on aura

$$\text{tang}\,\Sigma' = \frac{\sqrt{[\overline{m-(\pi-\Pi l)\mu}^2 + \overline{n-(\pi-\Pi l)\nu}^2]}}{l-\pi\lambda},$$

et la valeur de Σ' déduite de cette équation, ne pourra jamais différer de la véritable, d'un angle plus grand que celui dont la tangente sera $\sqrt{(\alpha^2+\beta^2)}$. Or $\alpha=\frac{\Pi l\mu}{l-\pi\lambda}-\frac{\Pi\mu}{1-\Pi\lambda}$, et $\beta=\frac{\Pi l\nu}{l-\pi\lambda}-\frac{\Pi\nu}{1-\Pi\lambda}$; donc

$$\sqrt{(\alpha^2+\beta^2)}=\Pi\sqrt{(\mu^2+\nu^2)}\times\left(\frac{l}{l-\pi\lambda}-\frac{1}{1-\Pi\lambda}\right)$$
$$=\frac{\Pi(\pi-\Pi l)\lambda\sqrt{(1-\lambda^2)}}{(l-\pi\lambda)(1-\Pi\lambda)},$$

à cause de $\mu^2+\nu^2=1-\lambda^2$.

La plus grande valeur de $\lambda\sqrt{(1-\lambda^2)}$ a lieu lorsque $\lambda=\sqrt{\frac{1}{2}}$, ce qui donne $\lambda\sqrt{(1-\lambda^2)}=\frac{1}{2}$; de plus $(l-\pi\lambda)(1-\Pi\lambda)=l-(\pi+\Pi)\lambda+\pi\Pi\lambda^2>l-(\pi+\Pi)\lambda>l-\pi-\Pi$, à cause que λ est toujours renfermé entre $+1$ et -1. Donc on aura nécessairement

$$\sqrt{(\alpha^2+\beta^2)}<\frac{\Pi(\pi-\Pi l)}{2(l-\pi-\Pi)}.$$

Donc, comme $\Pi=\sin 8''\frac{1}{2}$, l'angle dont la tangente est $\sqrt{(\alpha^2+\beta^2)}$ sera $<8''\frac{1}{2}\times\frac{\pi-\Pi l}{2(l-\pi-\Pi)}$. Mais pour la lune on a environ $\pi=\sin 1^\circ=\frac{1}{60}$, et cette quantité est encore beaucoup moindre pour Vénus et Mercure; donc l'angle dont il s'agit sera $<\frac{8''}{2(l-\pi-\Pi)}$; et comme $l=\cos t\cos b$ (n° 20) $=$ à peu près 1, à cause que t et b sont toujours des angles fort petits dans les éclipses et dans les passages; il s'ensuit que l'angle en question ne sera jamais que de quelques tierces, dans les cas extrêmes.

Enfin, au lieu du terme Πl qui entre dans la dernière expression de tangΣ', on pourra, pour plus de simplicité, mettre simplement Π, et la plus grande erreur qui en pourra résulter dans la valeur de Σ' sera, par la théorie précédente, égale à l'angle dont la tangente serait.... $\frac{\Pi(1-l)\sqrt{(\mu^2+\nu^2)}}{l-\pi\lambda}=\frac{\Pi(1-l)\sqrt{(1-\lambda^2)}}{l-\pi\lambda}$. La plus grande valeur de $\frac{\sqrt{(1-\lambda^2)}}{l-\pi\lambda}$ a lieu lorsque $\lambda=\frac{\pi}{l}$, et elle est par conséquent........ $=\frac{1}{\sqrt{(l^2-\pi^2)}}$. Donc, à cause de $\Pi=\sin 8''\frac{1}{2}$, l'angle dont il s'agit sera $<8''\frac{1}{2}\times\frac{1-l}{\sqrt{(l^2-\pi^2)}}$. Cette quantité est, comme l'on voit, encore plus petite que celle que nous avons négligée ci-dessus; par conséquent la substitution de Π à la place de Πl n'augmentera pas l'erreur sur la distance apparente.

29. Nous venons donc de démontrer rigoureusement que dans les éclipses de soleil et dans les passages des planètes par son disque, la distance apparente Σ' des centres peut être déterminée par la formule

$$\tang \Sigma' = \frac{\sqrt{[\overline{m-(\pi-\Pi)\mu}^2 + \overline{n-(\pi-\Pi)\nu}^2]}}{l-\pi\lambda},$$

sans que la plus grande erreur puisse aller au-delà de quelques tierces.

Cette formule se réduit, par ce qu'on a démontré dans l'article second, à celle-ci :

$$\tang \Sigma' = \frac{\sqrt{[\overline{\sin t \cos b - \sin(\mu\psi - \mu\psi')}^2 + \overline{\sin b - \sin(\nu\psi - \nu\psi')}^2]}}{\cos t \cos b - \sin \lambda\psi},$$

dans laquelle b est la latitude de la lune ou de la planète dont on observe le passage, t l'excès de la longitude de la lune ou de la planète sur celle du soleil, ψ la plus grande parallaxe de hauteur de la lune ou de la planète, et ψ' la plus grande parallaxe de hauteur du soleil. Les coefficiens λ, μ, ν sont des quantités dépendantes uniquement de la longitude A du soleil, de la latitude réduite φ du lieu de l'observateur, et de l'ascension droite θ du milieu du ciel, et qu'on trouvera aisément par les Tables que nous avons proposées.

30. Comme tous les angles qui entrent dans cette formule sont toujours très-petits, n'y en ayant aucun qui puisse surpasser 1° dans les éclipses de soleil et dans les passages des planètes sur son disque, on peut, sans erreur sensible, la réduire à

$$\Sigma' = \frac{\sqrt{[\overline{t-\mu(\psi-\psi')}^2 + \overline{b-\nu(\psi-\psi')}^2]}}{1-\sin\lambda\psi};$$

et cette formule sera suffisamment exacte, lorsqu'on ne voudra pas pousser la précision jusqu'aux secondes de degrés; mais pour être sûr des secondes, il faudra toujours avoir recours à la précédente.

Au reste, si on néglige dans le dénominateur de cette formule le terme $\sin\lambda\psi$, on a pour la distance apparente Σ' la même valeur qu'on trouve par la méthode ordinaire des projections; d'où l'on voit que pour avoir une exactitude suffisante il faut augmenter cette valeur dans la raison de $1-\sin\lambda\psi : 1$; c'est ce que j'ai démontré ailleurs, d'après les principes mêmes de la projection, en donnant de plus un moyen de faire entrer cette correction dans la construction même de la projection.

31. On peut donc, par les formules précédentes, déterminer avec plus ou moins d'exactitude la distance apparente des centres dans un instant quelconque; par conséquent on peut juger des circonstances de l'éclipse ou du passage; et il est clair que le commencement et la fin du phénomène auront lieu lorsque la distance apparente Σ' sera égale à la somme des demi-diamètres apparens des deux astres.

Pour le soleil et pour les planètes principales, le diamètre apparent est toujours le même, quelle que soit la hauteur de ces astres sur l'horizon; du moins la variation est trop insensible pour qu'il soit nécessaire d'en tenir compte, à cause de l'excessive petitesse de la parallaxe de ces astres. Ainsi il suffit de prendre leurs diamètres apparens, tels que les Tables astronomiques les donnent pour le tems dont il s'agit.

Il n'en est pas de même pour la lune; car cette planète ayant une parallaxe considérable, son diamètre apparent augmente d'une manière sensible, à mesure que la hauteur sur l'horizon est plus grande; c'est ce qu'on appelle en Astronomie l'*augmentation du diamètre de la lune*, et l'on a des Tables qui donnent cette augmentation pour tous les degrés de hauteur de la lune. Voici comment on pourra tenir compte de cette variation par nos formules.

32. Soit d le demi-diamètre horizontal de la lune donné par les Tables, et d' son demi-diamètre apparent dans un instant quelconque; il est visible que r étant la distance du centre de la lune au centre de la terre, et r' la distance du centre de la lune au lieu de l'observateur, on aura également $r\sin d$ et $r'\sin d'$ pour le demi-diamètre réel de la lune dans son orbite. Donc $r\sin d = r'\sin d'$; par conséquent $\sin d' = \frac{r\sin d}{r'}$.

Or, par le n° 10, on a $\frac{r'}{r} = \sqrt{[(l-\pi\lambda)^2+(m-\pi\mu)^2+(n-\pi\nu)^2]}$; ainsi il n'y aura qu'à diviser la valeur de $\sin d$ par cette quantité pour avoir celle de $\sin d'$.

Par la formule du n° 29 on a

$$\sqrt{[\overline{m-(\pi-\Pi)\mu}^2+\overline{n-(\pi-\Pi)\nu}^2]} = (l-\pi\lambda)\operatorname{tang}\Sigma';$$

si on néglige les termes $\Pi\mu$ et $\Pi\nu$, et qu'on prenne $(l-\pi\lambda)\operatorname{tang}\Sigma'$ pour la valeur de $\sqrt{(\overline{m-\pi\mu}^2+\overline{n-\pi\nu}^2)}$, on ne commettra dans cette valeur qu'une erreur moindre que $\sqrt{(\mu^2+\nu^2)}$ par le n° 27, c'est-à-dire (à cause de $\lambda^2+\mu^2+\nu^2=1$) moindre que Π, ou $\sin 8''\frac{1}{2}$, quantité presqu'inappréciable.

Qu'on substitue donc la valeur dont il s'agit dans l'expression de $\frac{r'}{r}$, on aura $\frac{r'}{r} = (l-\pi\lambda)\sqrt{(1+\operatorname{tang}\Sigma'^2)} = \frac{l-\pi\lambda}{\cos\Sigma'}$. Donc on aura enfin

$$\sin d' = \frac{\sin d \times \cos\Sigma'}{l-\pi\lambda}.$$

33. Cela posé, soit D le demi-diamètre horizontal du soleil donné par les Tables; il est clair que l'éclipse commencera ou finira lorsque $\Sigma' = D + d'$; de sorte qu'on aura pour le commencement ou pour la fin $d' = \Sigma' - D$; par conséquent $\sin d' = \sin\Sigma'\cos D - \cos\Sigma'\sin D$; substituant donc la valeur précédente de $\sin d'$, on aura

$$\frac{\sin d \cos \Sigma'}{l-\pi\lambda} = \sin \Sigma' \cos D - \cos \Sigma' \sin D\,;$$

d'où l'on tire

$$\mathrm{tang}\,\Sigma' = \mathrm{tang}\,D + \frac{\sin d}{(l-\pi\lambda)\cos D}.$$

Donc pour le commencement et pour la fin de l'éclipse on aura, en substituant la valeur de $\mathrm{tang}\,\Sigma'$ du n° 29,

$$\left(\frac{\sin d}{\cos D} + (l-\pi\lambda)\,\mathrm{tang}\,D\right)^2 = \left(m-(\pi-\Pi)\mu\right)^2 + \left(n-(\pi-\Pi)\nu\right)^2,$$

équation d'où l'on pourra conclure l'instant précis de ces phases; mais la solution directe de cette équation est impossible, à cause qu'elle renferme les sinus et les cosinus des angles t, b, A et θ, qui varient avec des vîtesses différentes; c'est pourquoi il faut se contenter d'une solution approchée, qu'on peut d'ailleurs rendre aussi exacte qu'on voudra.

Au reste, comme l'usage de cette solution ne consisterait qu'à déterminer l'instant précis du commencement ou de la fin de l'éclipse, ce qui est de peu d'importance dans l'Astronomie, nous ne nous y arrêterons pas.

34. Le but principal des observations des éclipses de soleil étant de déterminer les différences de longitude des différens lieux de la terre, et de corriger en même tems les élémens de la théorie lunaire, et les meilleures observations pour cet objet étant celles du commencement et de la fin de l'éclipse, nous allons voir comment on y peut employer la formule précédente. Je la mets d'abord sous la forme suivante :

$$\left(\frac{\sin d}{\cos D} + (\cos t \cos b - \sin \lambda\psi)\,\mathrm{tang}\,D\right)^2$$
$$= \left(\sin t \cos b - \sin(\mu\psi - \mu\Psi)\right)^2 + \left(\sin b - \sin(\nu\psi - \nu\Psi)\right)^2,$$

et j'observe que l'instant de l'observation étant connu, ainsi que la latitude du lieu de l'observateur, on aura facilement, par les Tables proposées dans le n° 22, les valeurs des angles $\lambda\psi$, $\mu(\psi-\Psi)$ et $\nu(\psi-\Psi)$, pourvu qu'on connaisse seulement à peu près la longitude de ce lieu; car cette longitude n'entre dans les valeurs de λ, μ, ν qu'autant que la longitude du soleil A en dépend (n° 22); et l'on sait qu'une différence de 180° dans la longitude des lieux ne peut produire qu'environ 30′ de différence dans le lieu du soleil, ensorte qu'une erreur de 1° sur la longitude, n'en produira qu'une de 10″ sur le lieu du soleil, quantité de nulle considération, surtout dans l'évaluation des valeurs de λ, μ, ν.

Si donc on regarde aussi comme connus par les Tables, les demi-diamètres d et D de la lune et du soleil, on aura une équation entre les angles t et b, ou plutôt entre leurs sinus et cosinus, t étant $=$ longit. ☾ — longit. ☉, et $b =$ latit. ☾ à l'instant de l'observation. De sorte qu'en supposant connue par les Tables la latitude b, on trouvera la différence de longitude t, et de là, par les mouvemens horaires, on aura l'instant de la conjonction.

Lorsqu'on a observé dans un même lieu le commencement et la fin de l'éclipse, on a pour ces deux instans deux équations semblables à la précédente, dans lesquelles les angles D et d sont les mêmes. De là, en admettant les mouvemens horaires des Tables, on pourra déduire les valeurs de t et de b pour l'une des observations.

Car soit α la différence des mouvemens horaires en longitude du soleil et de la lune, β le mouvement horaire en latitude de la lune, ce mouvement étant supposé dirigé vers le pôle boréal, T la durée totale de l'éclipse exprimée en heures et en décimales d'heure; il est visible que si t et b sont les valeurs qui ont lieu pour le commencement de l'éclipse, ces valeurs deviendront pour la fin $t+\alpha T$ et $b+\beta T$. On fera donc ces substitutions dans l'équation qui se rapporte à la fin de l'éclipse, et l'on aura ainsi deux équations entre t et b, par lesquelles on déterminera ces angles. De là on conclura que la conjonction sera arrivée $-\frac{t}{\alpha}$ heures après l'instant du commencement de l'éclipse, et la latitude de la lune, à l'instant de la conjonction, aura été.... $= b - \frac{\beta t}{\alpha}$. Comparant les tems de la conjonction pour différens lieux de la terre, on aura leur différence en longitude, et les latitudes trouvées serviront à corriger les élémens de la théorie de la lune.

35. Dénotons, pour plus de simplicité, par f, g, h les valeurs des angles $\lambda\psi$, $\mu(\psi - \Psi)$, $\nu(\psi - \Psi)$ pour le commencement de l'éclipse, et par F, G, H leurs valeurs pour l'instant de la fin de l'éclipse; les équations par où il faudra déterminer t et b seront

$$\left(\frac{\sin d}{\cos D} + (\cos t \cos b - \sin f) \operatorname{tang} D\right)^2$$
$$= (\sin t \cos b - \sin g)^2 + (\sin b - \sin h)^2,$$

et

$$\left(\frac{\sin d}{\cos D} + [\cos(t+\alpha T)\cos(b+\beta T) - \sin F] \operatorname{tang} D\right)^2$$
$$= [\sin(t+\alpha T)\cos(b+\beta T) - \sin G]^2$$
$$+ [\sin(b+\beta T) - \sin H]^2.$$

Comme tous les angles qui entrent dans ces formules sont toujours très-petits, on peut, pour une première approximation, mettre ces formules sous la forme suivante :

$$[d+(1-\sin f)D]^2=(t-g)^2+(b-h)^2,$$
$$[d+(1-\sin F)D]^2=(t+\alpha T-G)^2+(b+\beta T-H)^2.$$

Si on ôte la première de la seconde, on aura une équation où t et b ne se trouveront qu'à la première dimension; donc si, par son moyen, on élimine b de la première, on aura une équation en t du second degré, laquelle aura par conséquent deux racines; ainsi on aura des valeurs de t et des valeurs correspondantes de b, qui satisferont également à la question envisagée analytiquement, et on ne pourra pas déterminer *à priori* lesquelles de ces valeurs il faut choisir; mais on pourra toujours le déterminer *à posteriori*, puisque la latitude b est déjà à très-peu près connue par les Tables, cette latitude ne variant que très-peu dans l'intervalle de la durée d'une éclipse.

Ces dernières équations donneront, dans la plupart des cas, une exactitude suffisante; mais lorsqu'on voudra pousser cette exactitude plus loin, et être assuré des secondes, il faudra employer les premières, du moins pour corriger les valeurs trouvées de t et de b.

36. Passons maintenant à considérer les occultations des astres par la lune. La seule différence qu'il y ait entre le calcul de ces phénomènes et celui des éclipses de soleil, est qu'ici la latitude de l'astre occulté n'est pas nulle comme elle l'est pour le soleil, ce qui doit rendre les formules un peu moins simples.

On prendra donc A pour la longitude de l'astre occulté, B pour sa latitude supposée boréale, Ψ pour sa parallaxe horizontale, ou plus exactement, pour sa plus grande parallaxe de hauteur (n° 7), Π pour $\sin\Psi$, D pour le demi-diamètre horizontal de l'astre; et les autres dénominations resteront les mêmes que ci-dessus. On trouvera ainsi la distance apparente Σ' des deux astres, par les formules générales du n° 19.

Or nous avons fait voir ci-dessus (n° 25 et suiv.) que dans le cas de $B=0$, l'expression de $\tang\Sigma'$ peut être beaucoup simplifiée, en conservant toujours un degré de précision plus que suffisant pour les usages astronomiques; et il est aisé de se convaincre que cette simplification dépend uniquement de ce que, dans le cas dont il s'agit, on a $L=1$, $M=0$, $N=0$, et que Π est le sinus d'un angle de quelques secondes seulement. On aura donc le même avantage dans le cas présent, si on adopte les formules du n° 21, dans lesquelles on a aussi $L=1$, $M=0$, $N=0$; et pour ce qui regarde la quantité Π, il est clair qu'elle est nulle pour les étoiles fixes; que pour Jupiter et pour Saturne, elle est encore moindre que pour le soleil; que pour Mars, elle ne peut aller au-delà du double; et qu'enfin pour Vénus et Mercure, elle ne peut guère différer de celle qui a lieu pour le soleil, puisque les occultations de ces planètes ne peuvent être observées que lorsqu'elles approchent de leurs plus grandes digressions.

37. De là et des n°s 21 et 29, je conclus qu'on aura, aux tierces

près,

$$\tang \Sigma' = \frac{\sqrt{[\overline{m-(\pi-\Pi)\mu}^2 + \overline{n-(\pi-\Pi)(\nu\cos B-\lambda\sin B)}^2]}}{l-\pi(\lambda\cos B+\nu\sin B)},$$

les quantités l, m, n étant

$$l = \cos u + 2\sin^2\frac{t}{2}\cos b\cos B,$$
$$m = \sin t\cos b,$$
$$n = \sin u + 2\sin^2\frac{t}{2}\cos b\sin B,$$

où b est la latitude de la lune supposée boréale, u l'excès de sa latitude sur celle de l'astre occulté, c'est-à-dire $b-B$, et t l'excès de sa longitude sur celle de l'astre.

De sorte qu'on aura, par la remarque du n° 23,

$$\tang\Sigma' = \sqrt{[\overline{\sin t\cos b-\sin(\mu\psi-\mu\Psi)}^2}$$
$$\overline{+\sin u+2\sin^2\frac{t}{2}\cos b\sin B-\cos B\sin(\nu\psi-\nu\Psi)+\sin B\sin(\lambda\psi-\lambda\Psi)}^2\,],$$

divisé par

$$\cos u - 2\sin^2\frac{t}{2}\cos b\cos B - \cos B\sin\lambda\psi - \sin B\sin\nu\psi,$$

formule qui a l'avantage d'être également exacte, quelle que soit la latitude de l'astre occulté.

38. Comme les angles t et u, ainsi que ψ et Ψ, sont toujours assez petits, on pourra, par une première approximation, réduire l'équation précédente à celle-ci, dans laquelle $s = t\cos B$ et $i =$ à l'arc égal au rayon $= 57° 17' 44''$,

$$\Sigma' = \sqrt{\left(\overline{s-\frac{su}{i}\tang B-(\mu\psi-\mu\Psi)}^2\right.}$$
$$\left.\overline{+u+\frac{s^2}{2i}\tang B-(\nu\psi-\nu\Psi)\cos B+(\lambda\psi-\lambda\Psi)\sin B}^2\right);$$

divisé par

$$1-\cos B\sin\lambda\psi-\sin B\sin\nu\psi.$$

Comme, pour la lune, la latitude B ne va guère qu'à environ 5°, il est visible que les deux termes $\frac{su}{i}\tang B$ et $\frac{s^2}{2i}\tang B$ seront toujours très-petits et pourront le plus souvent être négligés, du moins dans la première approximation. Au reste, quand on voudra être assuré des secondes, il faudra toujours avoir recours à la première formule.

39. Pour l'instant de l'immersion ou de l'émersion, on aura, par un calcul semblable à celui des nos 32 et 33, l'équation

$$\mathrm{tang}\,\Sigma' = \mathrm{tang}\,D + \frac{\sin d}{[l - \pi(\lambda\cos B + \nu\sin B)]\cos D},$$

D étant le demi-diamètre horizontal de la lune et d celui de l'astre occulté ; de sorte qu'on aura l'équation

$$\overline{\frac{\sin d}{\cos D} + \left(\cos u - 2\sin\overline{\tfrac{t}{2}}^2\cos b\cos B - \cos B\sin\lambda\psi - \sin B\sin\nu\psi\right)\mathrm{tang}\,D}^2$$

$$= \overline{\sin t\cos b - \sin(\mu\psi - \mu\Psi)}^2$$

$$+ \overline{\sin u + 2\sin\overline{\tfrac{t}{2}}^2\cos b\sin B - \cos B\sin(\nu\psi - \nu\Psi) + \sin B\sin(\lambda\psi - \lambda\Psi)}^2,$$

qu'on peut réduire à cette forme approchée,

$$\overline{d + (1 - \lambda\psi\cos B - \nu\psi\sin B)D}^2$$

$$= \overline{s - \frac{su}{i}\,\mathrm{tang}\,B - (\mu\psi - \mu\Psi)}^2$$

$$+ \overline{u + \frac{s^2}{2i}\,\mathrm{tang}\,B - (\nu\psi - \nu\Psi)\cos B + (\lambda\psi - \lambda\Psi)\sin B}^2.$$

Ainsi on aura deux équations semblables, l'une pour l'immersion, l'autre pour l'émersion ; d'où, en supposant les mouvemens horaires connus, on pourra déterminer l'instant de la conjonction et la latitude de la lune dans cet instant, par une méthode semblable à celle qu'on a expliquée plus haut (nos 34 et 35), relativement aux éclipses de soleil ; c'est sur quoi il ne nous paraît pas nécessaire d'entrer ici dans un nouveau détail.

40. Pour les étoiles fixes, on a $\Psi = 0$ et $D = 0$, ce qui simplifie beaucoup les formules précédentes. En général, D est toujours très-petit pour les planètes, ensorte qu'on ne commettra qu'une erreur presqu'inappréciable en prenant $\overline{\sin d + \mathrm{tang}\,D}^2$ pour le premier membre de la première équation ci-dessus, ou $\overline{d + D}^2$ pour le premier membre de l'équation approchée.

Les formules deviendraient encore plus simples, s'il était question de l'occultation d'une étoile fixe par une planète ; car alors, en prenant cette planète à la place de la lune, il est clair que la parallaxe ψ serait très-petite, et que le demi-diamètre horizontal d le serait aussi.

41. Quoique je n'aie donné plus haut que les formules qui se rapportent au commencement et à la fin de l'éclipse, ou aux instans des immersions et des émersions, c'est-à-dire aux instans des contacts extérieurs des limbes, il est facile d'en déduire celles qui doivent avoir lieu pour les contacts intérieurs; car il n'y aura pour cela qu'à prendre le demi-diamètre d de l'astre occulté négativement, comme il est facile de le déduire des formules du n° 33.

Enfin, quoique j'aie toujours supposé, dans le cours de ce Mémoire, que les latitudes, tant des lieux de l'observateur que des astres observés, étaient boréales, il est visible que mes formules n'en sont pas moins générales, car il n'y aura qu'à supposer les latitudes négatives, lorsqu'elles seront australes. De cette manière, on ne sera exposé à aucune ambiguité dans les signes, ni à aucun embarras dans l'emploi des formules.

TABLE Ière.

Pour déterminer les valeurs de $\mu\psi$, $\lambda\psi$, $\nu\psi$, ψ étant supposé $= 1°$.

Arg. I, pour $\mu\psi = \phi - A$.
Arg. II, pour $\mu\psi =$ VI signes $- (\phi + A)$.

Arg. I, pour $\lambda\psi =$ III signes — arg. I pour $\mu\psi$.
Arg. II, pour $\lambda\psi =$ III signes — arg. II pour $\mu\psi$.

Arg. I, pour $\nu\psi =$ arg. V pour $\nu\psi + A$.
Arg. II, pour $\nu\psi =$ VI signes + arg. III pour $\mu\psi + A$.

S.		O +				I +				II +				S.	
S.		VI —				VII —				VIII —				S.	
D.	M.	M.	S.	Diff.	Cor.	M.	S.	Diff.	Cor.	M.	S.	Diff.	Cor.	D.	M.
0	0	0	0,0	Sec.	+	5	58,4	Sec.	+	10	20,8	Sec.	+	30	0
	30	0	6,3	6,3	0,0	6	3,8	5,4	0,3	10	23,9	3,1	0,4		30
1	0	0	12,5	6,2	0,0	6	9,2	5,4	0,3	10	26,9	3,0	0,4	29	0
	30	0	18,8	6,3	0,0	6	14,5	5,3	0,3	10	29,9	3,0	0,4		30
2	0	0	25,1	6,3	0,0	6	19,9	5,4	0,3	10	32,9	3,0	0,4	28	0
	30	0	31,3	6,2	0,0	6	25,2	5,3	0,3	10	35,8	2,9	0,4		30
3	0	0	37,6	6,3	0,0	6	30,4	5,2	0,3	10	38,7	2,9	0,4	27	0
	30	0	43,8	6,2	0,0	6	35,6	5,2	0,3	10	41,5	2,8	0,4		30
4	0	0	50,0	6,2	0,0	6	40,8	5,2	0,3	10	44,3	2,8	0,4	26	0
	30	0	56,3	6,3	0,0	6	46,0	5,2	0,3	10	47,0	2,7	0,5		30
5	0	1	2,5	6,2	0,0	6	51,1	5,1	0,3	10	49,6	2,6	0,5	25	0
	30	1	8,7	6,2	0,1	6	56,2	5,1	0,3	10	52,2	2,6	0,5		30
6	0	1	15,0	6,3	0,1	7	1,3	5,1	0,3	10	54,8	2,6	0,5	24	0
	30	1	21,2	6,2	0,1	7	6,4	5,1	0,3	10	57,3	2,5	0,5		30
7	0	1	27,4	6,2	0,1	7	11,4	5,0	0,3	10	59,8	2,5	0,5	23	0
	30	1	33,6	6,2	0,1	7	16,4	5,0	0,3	11	2,2	2,4	0,5		30
8	0	1	39,8	6,2	0,1	7	21,3	4,9	0,3	11	4,6	2,4	0,5	22	0
	30	1	46,0	6,2	0,1	7	26,2	4,9	0,3	11	6,9	2,3	0,5		30
9	0	1	52,2	6,2	0,1	7	31,1	4,9	0,3	11	9,2	2,3	0,5	21	0
	30	1	58,3	6,1	0,1	7	35,9	4,8	0,3	11	11,4	2,2	0,5		30
10	0	2	4,5	6,2	0,1	7	40,7	4,8	0,3	11	13,6	2,2	0,5	20	0
	30	2	10,6	6,1	0,1	7	45,5	4,8	0,3	11	15,7	2,1	0,5		30
11	0	2	16,8	6,2	0,1	7	50,3	4,8	0,3	11	17,7	2,0	0,5	19	0
	30	2	22,9	6,1	0,1	7	55,0	4,7	0,3	11	19,7	2,0	0,5		30
12	0	2	29,1	6,2	0,1	7	59,6	4,6	0,3	11	21,7	2,0	0,5	18	0
	30	2	34,2	6,1	0,1	8	4,3	4,7	0,3	11	23,6	1,9	0,5		30
13	0	2	41,3	6,1	0,1	8	8,9	4,6	0,3	11	25,5	1,9	0,5	17	0
	30	2	47,4	6,1	0,1	8	13,4	4,5	0,3	11	27,3	1,8	0,5		30
14	0	2	53,4	6,0	0,1	8	17,9	4,5	0,3	11	29,0	1,7	0,5	16	0
	30	2	59,5	6,1	0,1	8	22,4	4,5	0,4	11	30,7	1,7	0,5		30
15	0	3	5,5	6,0	0,1	8	26,8	4,4	0,4	11	32,4	1,7	0,5	15	0
S.		XI —				X —				IX —				S.	
S.		V +				IV +				III +				S.	

SUITE DE LA TABLE Ire.

Pour déterminer les valeurs de $\mu\psi$, $\lambda\psi$, $\nu\psi$, ψ étant supposé $= 1°$.

Arg. I, pour $\mu\psi = \phi - A$.
Arg. II, pour $\mu\psi =$ VI signes $- (\phi + A)$.

Arg. I, pour $\lambda\psi =$ III signes — arg. I pour $\mu\psi$.
Arg. II, pour $\lambda\psi =$ III signes — arg. II pour $\mu\psi$.

Arg. I, pour $\nu\psi =$ arg. V $\mu\psi + A$.
Arg. II, pour $\nu\psi =$ VI signes + arg. III pour $\mu\psi + A$.

S.		O	+			I	+			II	+			S.	
S.		VI	—			VII	—			VIII	—			S.	
D.	M.	M. S.		Diff.	Cor.	M. S.		Diff.	Cor.	M. S.		Diff.	Cor.	D.	M.
15	0	3	5,5	Sec.	+	8	26,8	Sec.	+	11	32,4	Sec.	+	15	0
	30	3	11,6	6,1	0,1	8	31,3	4,5	0,4	11	33,9	1,5	0,5		30
16	0	3	17,6	6,0	0,1	8	35,7	4,4	0,4	11	35,5	1,6	0,5	14	0
	30	3	23,6	6,0	0,1	8	40,0	4,3	0,4	11	37,0	1,5	0,5		30
17	0	3	29,6	6,0	0,1	8	44,2	4,2	0,4	11	38,4	1,4	0,5	13	0
	30	3	35,6	6,0	0,2	8	48,5	4,3	0,4	11	39,8	1,4	0,5		30
18	0	3	41,5	5,9	0,2	8	52,7	4,2	0,4	11	41,1	1,3	0,5	12	0
	30	3	47,4	5,9	0,2	8	56,9	4,2	0,4	11	42,3	1,3	0,5		30
19	0	3	53,3	5,9	0,2	9	1,0	4,1	0,4	11	43,6	1,2	0,5	11	0
	30	3	59,2	5,9	0,2	9	5,1	4,1	0,4	11	44,8	1,2	0,5		30
20	0	4	5,1	5,9	0,2	9	9,1	4,0	0,4	11	45,9	1,1	0,5	10	0
	30	4	11,0	5,9	0,2	9	13,1	4,0	0,4	11	46,9	1,0	0,5		30
21	0	4	16,9	5,9	0,2	9	17,1	4,0	0,4	11	48,0	1,1	0,5	9	0
	30	4	22,7	5,8	0,2	9	21,0	3,9	0,4	11	48,9	0,9	0,5		30
22	0	4	28,5	5,8	0,2	9	24,9	3,9	0,4	11	49,8	0,9	0,5	8	0
	30	4	34,3	5,8	0,2	9	28,7	3,8	0,4	11	50,6	0,8	0,5		30
23	0	4	40,1	5,8	0,2	9	32,5	3,8	0,4	11	51,4	0,8	0,5	7	0
	30	4	45,8	5,7	0,2	9	36,2	3,7	0,4	11	52,2	0,8	0,5		30
24	0	4	51,6	5,8	0,2	9	39,9	3,7	0,4	11	52,8	0,6	0,5	6	0
	30	4	57,3	5,7	0,2	9	43,6	3,7	0,4	11	53,5	0,7	0,5		30
25	0	5	2,9	5,6	0,2	9	47,2	3,6	0,4	11	54,1	0,6	0,5	5	0
	30	5	8,6	5,7	0,2	9	50,7	3,5	0,4	11	54,6	0,5	0,5		30
26	0	5	14,2	5,6	0,2	9	54,3	3,6	0,4	11	55,0	0,4	0,5	4	0
	30	5	19,8	5,6	0,2	9	57,8	3,5	0,4	11	55,4	0,4	0,5		30
27	0	5	25,4	5,6	0,2	10	1,2	3,4	0,4	11	55,8	0,4	0,5	3	0
	30	5	31,0	5,6	0,2	10	4,6	3,4	0,4	11	56,1	0,3	0,5		30
28	0	5	36,5	5,5	0,2	10	7,9	3,3	0,4	11	56,3	0,2	0,5	2	0
	30	5	42,0	5,5	0,2	10	11,2	3,3	0,4	11	59,5	0,2	0,5		30
29	0	5	47,5	5,5	0,2	10	14,4	3,2	0,4	11	56,7	0,2	0,5	1	0
	30	5	53,0	5,5	0,2	10	17,6	3,2	0,4	11	56,8	0,1	0,5		30
30	0	5	58,4	5,4	0,2	10	20,8	3,2	0,4	11	56,8	0,0	0,5	0	0
S.		XI	—			X	—			IX	—			S.	
S.		V	+			IV	+			III	+			S.	

TABLE II.

Pour déterminer les valeurs de $\mu\psi$, $\lambda\psi$, ψ étant supposé $= 1°$.

Arg. III, pour $\mu\psi =$ arg. I pour $\mu\psi + \theta$.
Arg. IV, pour $\mu\psi =$ arg. II pour $\mu\psi + \theta$ — VI signes.

Arg. III, pour $\lambda\psi =$ III signes — arg. III pour $\mu\psi$.
Arg. IV, pour $\lambda\psi =$ III signes — arg. IV pour $\mu\psi$.

S.		O +				I +				II +				S.	
S.		VI —				VII —				VIII —				S.	
D.	M.	M.	S.	Diff.	Cor.	M.	S.	Diff.	Cor.	M.	S.	Diff.	Cor.	D.	M.
0	0	0	0,0	Sec.	—	14	22,8	Sec.	—	24	54,4	Sec.	—	30	0
	30	0	15,1	15,1	0,0	14	35,8	13,0	0,1	25	1,8	7,4	0,1		30
1	0	0	30,1	15,0	0,0	14	48,7	12,9	0,1	25	9,2	7,4	0,1	29	0
	30	0	45,2	15,1	0,0	15	1,6	12,9	0,1	25	16,4	7,2	0,1		30
2	0	1	0,2	15,0	0,0	15	14,4	12,8	0,1	25	23,6	7,2	0,1	28	0
	30	1	15,3	15,1	0,0	15	27,1	12,7	0,1	25	30,6	7,0	0,1		30
3	0	1	30,3	15,1	0,0	15	39,8	12,7	0,1	25	37,4	6,8	0,1	27	0
	30	1	45,3	15,0	0,0	15	52,4	12,6	0,1	25	44,2	6,8	0,1		30
4	0	2	0,4	15,1	0,0	16	4,9	12,5	0,1	25	50,9	6,7	0,1	26	0
	30	2	15,4	15,0	0,0	16	17,4	12,5	0,1	25	57,5	6,6	0,1		30
5	0	2	30,4	15,0	0,0	16	29,7	12,3	0,1	26	3,9	6,4	0,1	25	0
	30	2	45,4	15,0	0,0	16	42,0	12,3	0,1	26	10,2	6,3	0,1		30
6	0	3	0,4	15,0	0,0	16	54,0	12,3	0,1	26	16,4	6,2	0,1	24	0
	30	3	15,3	14,9	0,0	17	6,4	12,1	0,1	26	22,4	6,0	0,1		30
7	0	3	30,3	15,0	0,0	17	18,5	12,1	0,1	26	28,4	6,0	0,1	23	0
	30	3	45,2	14,9	0,0	17	30,4	11,9	0,1	26	34,2	5,8	0,1		30
8	0	4	0,2	15,0	0,0	17	42,4	12,1	0,1	26	39,9	5,7	0,1	22	0
	30	4	15,1	14,9	0,0	13	54,2	11,8	0,1	26	45,5	5,6	0,1		30
9	0	4	29,9	14,8	0,0	18	5,9	11,7	0,1	26	50,9	5,4	0,1	21	0
	30	4	44,8	14,9	0,0	18	17,6	11,7	0,1	26	56,3	5,4	0,1		30
10	0	4	59,6	14,8	0,0	18	29,2	11,6	0,1	27	1,5	5,2	0,1	20	0
	30	5	14,5	14,9	0,0	18	40,7	11,5	0,1	27	6,6	5,2	0,1		30
11	0	5	29,3	14,8	0,0	18	52,1	11,4	0,1	27	11,6	5,0	0,1	19	0
	30	5	44,0	14,7	0,0	19	3,4	11,3	0,1	27	16,4	4,8	0,1		30
12	0	5	58,8	14,8	0,0	19	14,6	11,2	0,1	27	21,1	4,6	0,1	18	0
	30	6	13,5	14,7	0,0	19	25,8	11,2	0,1	27	25,7	4,6	0,1		30
13	0	6	28,2	14,7	0,0	19	36,8	11,0	0,1	27	30,2	4,5	0,1	17	0
	30	6	12,8	14,6	0,0	19	47,8	11,0	0,1	27	34,5	4,3	0,1		30
14	0	6	57,4	14,6	0,0	19	58,7	10,9	0,1	27	38,7	4,2	0,1	16	0
	30	7	12,0	14,6	0,0	20	9,5	10,8	0,1	27	42,8	4,1	0,1		30
15	0	7	26,6	14,6	0,0	20	20,2	10,7	0,1	27	46,8	4,0	0,1	15	0
S.		XI —				X —				IX —				S.	
S.		V +				IV +				III +				S.	

SUITE DE LA TABLE II.

Pour déterminer les valeurs de $\mu\psi$, $\lambda\psi$, ψ étant supposé $= 1°$.

Arg. III, pour $\mu\psi$ = arg. I pour $\mu\psi + \theta$.
Arg. IV, pour $\mu\psi$ = arg. II pour $\mu\psi + \theta$ — VI signes.

Arg. III, pour $\lambda\psi$ = III signes — arg. III, pour $\mu\psi$.
Arg. IV, pour $\lambda\psi$ = III signes — arg. IV, pour $\mu\psi$.

S.		O	+			I	+			II	+			S.	
S.		VI	—			VII	—			VIII	—			S.	
D.	M.	M.	S.	Diff.	Cor.	M.	S.	Diff.	Cor.	M.	S.	Diff.	Cor.	D.	M.
15	0	7	26,6	Sec.	—	20	20,2	Sec.	—	27	46,8	Sec.	+	15	0
	30	7	41,1	14,5	0,0	20	30,8	10,6	0,1	27	50,6	3,8	0,1		30
16	0	7	55,6	14,5	0,0	20	41,3	10,5	0,1	27	54,3	3,7	0,1	14	0
	30	8	10,1	14,5	0,0	20	51,7	10,4	0,1	27	57,9	3,6	0,1		30
17	0	8	24,5	14,4	0,0	21	2,0	10,3	0,1	28	1,3	3,4	0,1	13	0
	30	8	38,9	14,4	0,0	21	12,2	10,2	0,1	28	4,6	3,3	0,1		30
18	0	8	53,7	14,3	0,0	21	22,3	10,1	0,1	28	7,8	3,2	0,1	12	0
	30	9	7,5	14,3	0,0	21	32,4	10,1	0,1	28	10,9	3,1	0,1		30
19	0	9	21,8	14,3	0,0	21	42,3	9,9	0,1	28	13,8	2,9	0,1	11	0
	30	9	36,0	14,2	0,0	21	52,1	9,8	0,1	28	16,6	2,8	0,1		30
20	0	9	50,2	14,2	0,0	22	1,8	9,7	0,1	28	19,3	2,7	0,1	10	0
	30	10	4,3	14,1	0,0	22	11,5	9,7	0,1	28	21,9	2,6	0,1		30
21	0	10	18,4	14,1	0,0	22	21,0	9,5	0,1	28	24,3	2,4	0,1	9	0
	30	10	32,4	14,0	0,0	22	30,4	9,4	0,1	28	26,6	2,3	0,1		30
22	0	10	46,4	14,0	0,0	22	39,8	9,4	0,1	28	28,8	2,2	0,1	8	0
	30	11	0,3	13,9	0,0	22	49,0	9,2	0,1	28	30,8	2,0	0,1		30
23	0	11	14,2	13,9	0,0	22	58,1	9,1	0,1	28	32,7	1,9	0,1	7	0
	30	11	28,1	13,9	0,0	23	7,1	9,0	0,1	28	34,5	1,8	0,1		30
24	0	11	41,8	13,7	0,0	23	16,0	8,9	0,1	28	36,1	1,6	0,1	6	0
	30	11	55,6	13,8	0,0	23	24,8	8,8	0,1	28	37,6	1,5	0,1		30
25	0	12	9,3	13,7	0,0	23	33,5	8,7	0,1	28	39,0	1,4	0,1	5	0
	30	12	22,9	13,6	0,0	23	42,1	8,6	0,1	28	40,2	1,2	0,1		30
26	0	12	36,4	13,5	0,0	23	50,6	8,5	0,1	28	41,3	1,1	0,1	4	0
	30	12	49,9	13,5	0,0	23	58,9	8,3	0,1	28	42,3	1,0	0,1		30
27	0	13	3,4	13,5	0,0	24	7,2	8,3	0,1	28	43,2	0,9	0,1	3	0
	30	13	16,8	13,4	0,0	24	15,3	8,1	0,1	28	43,9	0,7	0,1		30
28	0	13	30,1	13,3	0,0	23	23,4	8,1	0,1	28	44,5	0,6	0,1	2	0
	30	13	43,4	13,3	0,0	24	31,3	7,9	0,1	28	45,0	0,5	0,1		30
29	0	13	56,6	13,2	0,0	24	39,1	7,8	0,1	28	45,3	0,3	0,1	1	0
	30	14	9,7	13,1	0,0	24	46,8	7,7	0,1	28	45,5	0,2	0,1		30
30	0	14	22,8	13,1	0,0	24	54,4	7,6	0,1	28	45,6	0,1	0,1	0	0
S.		XI	—			X	—			IX	—			S.	
S.		V	+			IV	+			III	+			S.	

TABLE III.

Pour déterminer les valeurs de $\mu\psi$, $\lambda\psi$, ψ étant supposé $= 0$.

Arg. V, pour $\mu\psi$ = arg. I, pour $\mu\psi - \theta$.
Arg. VI, pour $\mu\psi$ = XII signes — arg. III, pour $\mu\psi - 2A$.

Arg. V, pour $\lambda\psi$ = III signes — arg. V pour $\mu\psi$.
Arg. VI, pour $\lambda\psi$ = III signes — arg. VI pour $\mu\psi$.

S.	O +				I +				II +				S.
S.	VI —				VII —				VIII —				S.
D.	M.	S.	Diff.	Cor.	M.	S.	Diff.	Cor.	M.	S.	Diff.	Cor.	D.
0	0	0,0	Sec.	+	0	37,2	Sec.	+	1	4,5	Sec.	+	30
1	0	1,3	1,3	0,0	0	38,3	1,1	0,1	1	5,1	0,6	0,1	29
2	0	2,6	1,3	0,0	0	39,4	1,1	0,1	1	5,7	0,6	0,1	28
3	0	3,9	1,3	0,0	0	40,5	1,1	0,1	1	6,3	0,6	0,1	27
4	0	5,2	1,3	0,0	0	41,6	1,1	0,1	1	6,9	0,6	0,1	26
5	0	6,5	1,3	0,0	0	42,7	1,1	0,1	1	7,5	0,6	0,1	25
6	0	7,8	1,3	0,0	0	43,8	1,1	0,1	1	8,0	0,5	0,1	24
7	0	9,1	1,3	0,0	0	44,9	1,1	0,1	1	8,5	0,5	0,1	23
8	0	10,4	1,3	0,0	0	46,0	1,1	0,1	1	9,0	0,5	0,1	22
9	0	11,7	1,3	0,0	0	46,9	0,9	0,1	1	9,5	0,5	0,1	21
10	0	12,9	1,2	0,0	0	47,9	1,0	0,1	1	10,0	0,5	0,1	20
11	0	14,2	1,3	0,0	0	48,9	1,0	0,1	1	10,4	0,4	0,1	19
12	0	15,5	1,3	0,0	0	49,8	0,9	0,1	1	10,8	0,4	0,1	18
13	0	16,8	1,3	0,0	0	50,7	0,9	0,1	1	11,2	0,4	0,1	17
14	0	18,0	1,2	0,0	0	51,7	1,0	0,1	1	11,6	0,4	0,1	16
15	0	19,3	1,3	0,0	0	52,6	0,9	0,1	1	11,9	0,3	0,1	15
16	0	20,5	1,2	0,0	0	53,5	0,9	0,1	1	12,2	0,3	0,1	14
17	0	21,8	1,3	0,0	0	54,4	0,9	0,1	1	12,5	0,3	0,1	13
18	0	23,0	1,2	0,0	0	55,3	0,9	0,1	1	12,8	0,3	0,1	12
19	0	24,3	1,3	0,0	0	56,2	0,9	0,1	1	13,1	0,3	0,1	11
20	0	25,5	1,2	0,0	0	57,0	0,8	0,1	1	13,3	0,2	0,1	10
21	0	26,7	1,2	0,0	0	57,8	0,8	0,1	1	13,5	0,2	0,1	9
22	0	27,9	1,2	0,0	0	58,6	0,8	0,1	1	13,6	0,1	0,1	8
23	0	29,1	1,2	0,0	0	59,5	0,9	0,1	1	13,8	0,2	0,1	7
24	0	30,3	1,2	0,0	1	0,3	0,8	0,1	1	14,0	0,2	0,1	6
25	0	31,5	1,2	0,0	1	1,0	0,7	0,1	1	14,2	0,2	0,1	5
26	0	32,6	1,1	0,0	1	1,7	0,7	0,1	1	14,3	0,1	0,1	4
27	0	33,8	1,2	0,0	1	2,4	0,7	0,1	1	14,4	0,1	0,1	3
28	0	34,9	1,1	0,0	1	3,2	0,8	0,1	1	14,4	0,0	0,1	2
29	0	36,1	1,2	0,0	1	3,8	0,6	0,1	1	14,4	0,0	0,1	1
30	0	37,2	1,1	0,0	1	4,5	0,7	0,1	1	14,4	0,0	0,1	0
S.	XI —				X —				IX —				S.
S.	V +				IV +				III +				S.

TABLE IV.

Pour déterminer la valeur de $\nu\psi$, ψ étant supposé $= 1°$.

Arg. latitude corrigée $= \phi$.

La quantité prise dans cette Table s'ajoute à celle prise dans la Table Ire.

S.		O +				I +				II +				S.	
S.		VI —				VII —				VIII —				S.	
D.	M.	M.	S.	Diff.	Cor.	M.	S.	Diff.	Cor.	M.	S.	Diff.	Cor.	D.	M.
0	0	0	0,0	Sec.	—	27	31,1	Sec.	—	47	39,8	Sec.	—	30	0
	10	0	9,6	9,6	0,0	27	39,4	8,3	0,2	47	44,6	4,8	0,3		50
	20	0	19,2	9,6	0,0	27	47,7	8,3	0,2	47	49,4	4,8	0,3		40
	30	0	28,8	9,6	0,0	27	56,0	8,3	0,2	47	54,1	4,7	0,3		30
	40	0	38,4	9,6	0,0	28	4,3	8,3	0,2	47	58,8	4,7	0,3		20
	50	0	48,0	9,6	0,0	28	12,5	8,2	0,2	48	3,5	4,7	0,3		10
1	0	0	57,6	9,6	0,0	28	20,8	8,3	0,2	48	8,2	4,7	0,3	29	0
	10	1	7,2	9,6	0,0	28	29,0	8,2	0,2	48	12,9	4,7	0,4		50
	20	1	16,8	9,6	0,0	28	37,2	8,2	0,2	48	17,5	4,6	0,4		40
	30	1	26,4	9,6	0,0	28	45,4	8,2	0,2	48	22,1	4,6	0,4		30
	40	1	36,0	9,6	0,0	28	53,6	8,2	0,2	48	26,6	4,5	0,4		20
	50	1	45,6	9,6	0,0	28	1,8	8,2	0,2	48	31,2	4,6	0,4		10
2	0	1	55,2	9,6	0,0	29	9,9	8,1	0,2	48	35,7	4,5	0,4	28	0
	10	2	4,8	9,6	0,0	29	18,1	8,2	0,2	48	40,2	4,5	0,4		50
	20	2	14,4	9,6	0,0	29	26,2	8,1	0,2	48	44,7	4,5	0,4		40
	30	2	24,0	9,6	0,0	29	34,3	8,1	0,2	48	49,1	4,4	0,4		30
	40	2	33,6	9,6	0,0	29	42,4	8,1	0,2	48	53,6	4,5	0,4		20
	50	2	43,2	9,6	0,0	29	50,5	8,1	0,2	48	57,9	4,3	0,4		10
3	0	2	52,8	9,6	0,0	29	58,5	8,0	0,2	49	2,3	4,4	0,4	27	0
	10	3	2,4	9,6	0,0	30	6,6	8,1	0,2	49	6,7	4,4	0,4		50
	20	3	12,0	9,6	0,0	30	14,6	8,0	0,2	49	11,0	4,3	0,4		40
	30	3	21,6	9,6	0,0	30	22,6	8,0	0,2	49	15,3	4,3	0,4		30
	40	3	31,2	9,6	0,0	30	30,6	8,0	0,2	49	19,6	4,3	0,4		20
	50	3	40,8	9,6	0,0	30	38,6	8,0	0,2	49	23,8	4,2	0,4		10
4	0	3	50,3	9,6	0,0	30	46,6	8,0	0,2	49	28,0	4,2	0,4	26	0
	10	3	59,9	9,6	0,0	30	54,6	8,0	0,2	49	32,2	4,2	0,4		50
	20	4	9,5	9,6	0,0	31	2,5	7,9	0,2	49	36,4	4,2	0,4		40
	30	4	19,1	9,6	0,0	31	10,4	7,9	0,2	49	40,6	4,2	0,4		30
	40	4	28,7	9,6	0,0	31	18,3	7,9	0,2	49	44,7	4,1	0,4		20
	50	4	38,2	9,6	0,0	31	26,2	7,9	0,2	49	48,8	4,1	0,4		10
5	0	4	47,8	9,6	0,0	31	34,1	7,9	0,2	49	52,8	4,0	0,4	25	0
S.		XI —				X —				IX —				S.	
S.		V +				IV +				III +				S.	

SUITE DE LA TABLE IV.

Pour déterminer la valeur de $\nu\psi$, ψ étant supposé $= 1°$.

Arg. latitude corrigée $= \varphi$.
La quantité prise dans cette Table s'ajoute à celle prise dans la Table Ire.

S.		O +				I +				II +				S.	
S.		VI —				VII —				VIII —				S.	
D.	M.	M.	S.	Diff.	Cor.	M.	S.	Diff.	Cor.	M.	S.	Diff.	Cor.	D.	M.
5	0	4	47,8	Sec.	—	31	34,1	Sec.	—	49	52,8	Sec.	—	25	0
	10	4	57,4	9,6	0,0	31	42,0	7,9	0,2	49	56,9	4,1	0,4		50
	20	5	6,9	9,5	0,0	31	49,8	7,8	0,2	50	0,9	4,0	0,4		40
	30	5	16,5	9,6	0,0	31	57,6	7,8	0,2	50	4,9	4,0	0,4		30
	40	5	26,1	9,6	0,0	32	5,4	7,8	0,2	50	8,9	4,0	0,4		20
	50	5	35,6	9,5	0,0	32	13,2	7,8	0,2	50	12,8	3,9	0,4		10
6	0	5	45,2	9,6	0,0	32	21,0	7,8	0,2	50	16,8	4,0	0,4	24	0
	10	5	54,7	9,5	0,0	32	28,8	7,8	0,2	50	20,7	3,9	0,4		50
	20	6	4,3	9,6	0,0	32	36,5	7,7	0,2	50	24,5	3,8	0,4		40
	30	6	13,8	9,5	0,0	32	44,3	7,8	0,2	50	28,4	3,9	0,4		30
	40	6	23,3	9,5	0,0	32	52,0	7,7	0,2	50	32,2	3,8	0,4		20
	50	6	32,9	9,6	0,0	32	59,7	7,7	0,2	50	36,0	3,8	0,4		10
7	0	6	42,4	9,5	0,0	33	7,3	7,6	0,2	50	39,7	3,7	0,4	23	0
	10	6	52,0	9,6	0,0	33	15,0	7,7	0,2	50	43,5	3,8	0,4		50
	20	7	1,5	9,5	0,1	33	22,6	7,6	0,2	50	47,2	3,7	0,4		40
	30	7	11,0	9,5	0,1	33	30,3	7,7	0,2	50	50,9	3,7	0,4		30
	40	7	20,6	9,6	0,1	33	37,9	7,6	0,2	50	54,5	3,6	0,4		20
	50	7	30,1	9,5	0,1	33	45,5	7,6	0,2	50	58,2	3,7	0,4		10
8	0	7	39,6	9,5	0,1	33	53,1	7,6	0,2	51	1,8	3,6	0,4	22	0
	10	7	49,1	9,5	0,1	34	0,6	7,5	0,2	51	5,4	3,6	0,4		50
	20	7	58,6	9,5	0,1	34	8,2	7,6	0,2	51	8,9	3,5	0,4		40
	30	8	8,1	9,5	0,1	34	15,7	7,5	0,2	51	12,5	3,6	0,4		30
	40	8	17,6	9,5	0,1	34	23,2	7,5	0,2	51	16,0	3,5	0,4		20
	50	8	27,1	9,5	0,1	34	30,7	7,5	0,2	51	19,5	3,5	0,4		10
9	0	8	36,6	9,5	0,1	34	38,2	7,5	0,2	51	22,9	3,4	0,4	21	0
	10	8	46,1	9,5	0,1	34	45,4	7,4	0,2	51	26,4	3,5	0,4		50
	20	8	55,6	9,5	0,1	34	53,1	7,5	0,2	51	29,8	3,4	0,4		40
	30	9	5,0	9,4	0,1	35	0,5	7,4	0,2	51	33,1	3,3	0,4		30
	40	9	14,5	9,5	0,1	35	7,9	7,4	0,2	51	36,5	3,4	0,4		20
	50	9	24,0	9,5	0,1	35	15,3	7,4	0,2	51	39,8	3,3	0,4		10
10	0	9	33,4	9,4	0,1	35	22,6	7,3	0,2	51	43,1	3,3	0,4	20	0
S.		XI —				X —				IX —				S.	
S.		V +				IV +				III +				S.	

SUITE DE LA TABLE IV.

Pour déterminer la valeur de $v\psi$, ψ étant supposé $= 1°$.

Arg. latitude corrigée $= \phi$.
La quantité prise dans cette Table s'ajoute à celle prise dans la Table Ire.

S.		O +				I +				II +				S.	
S.		VI —				VII —				VIII —				S.	
D.	M.	M.	S.	Diff.	Cor.	M.	S.	Diff.	Cor.	M.	S.	Diff.	Cor.	D.	M.
10	0	9	33,4	Sec.	—	35	22,6	Sec.	—	51	43,1	Cor.	—	20	0
	10	9	42,9	9,5	0,1	35	30,0	7,4	0,3	51	46,4	3,3	0,4		50
	20	9	52,3	9,4	0,1	35	37,3	7,3	0,3	51	49,6	3,2	0,4		40
	30	10	1,8	9,5	0,1	35	44,6	7,3	0,3	51	52,8	3,2	0,4		30
	40	10	11,2	9,4	0,1	35	51,9	7,3	0,3	51	56,0	3,2	0,4		20
	50	10	20,7	9,5	0,1	35	59,2	7,3	0,3	51	59,2	3,2	0,4		10
11	0	10	30,1	9,4	0,1	36	6,5	7,3	0,3	52	2,3	3,1	0,4	19	0
	10	10	39,5	9,4	0,1	36	13,7	7,2	0,3	52	5,4	3,1	0,4		50
	20	10	48,9	9,4	0,1	36	20,9	7,2	0,3	52	8,5	3,1	0,4		40
	30	10	58,4	9,5	0,1	36	28,1	7,2	0,3	52	11,6	3,1	0,4		30
	40	11	7,8	9,4	0,1	36	35,3	7,2	0,3	52	14,6	3,0	0,4		20
	50	11	17,2	9,4	0,1	36	42,5	7,2	0,3	52	17,6	3,0	0,4		10
12	0	11	26,6	9,4	0,1	36	49,6	7,1	0,3	52	20,6	3,0	0,4	18	0
	10	11	36,0	9,4	0,1	36	56,8	7,2	0,3	52	23,6	3,0	0,4		50
	20	11	45,3	9,3	0,1	37	3,9	7,1	0,3	52	26,5	2,9	0,4		40
	30	11	54,7	9,4	0,1	37	10,9	7,0	0,3	52	29,4	2,9	0,4		30
	40	12	4,1	9,4	0,1	37	18,0	7,1	0,3	52	32,3	2,9	0,4		20
	50	12	13,5	9,4	0,1	36	25,1	7,1	0,3	52	35,1	2,8	0,4		10
13	0	12	22,8	9,3	0,1	37	32,1	7,0	0,3	52	37,9	2,8	0,4	17	0
	10	12	32,2	9,4	0,1	37	39,1	7,0	0,3	52	40,7	2,8	0,4		50
	20	12	41,5	9,3	0,1	37	46,1	7,0	0,3	52	43,5	2,8	0,4		40
	30	12	50,9	9,4	0,1	37	53,1	7,0	0,3	52	46,2	2,7	0,4		30
	40	13	0,2	9,3	0,1	38	0,1	7,0	0,3	52	49,0	2,8	0,4		20
	50	13	9,5	9,3	0,1	38	7,0	6,9	0,3	52	51,7	2,7	0,4		10
14	0	13	18,8	9,3	0,1	38	13,9	6,9	0,3	52	54,3	2,6	0,4	16	0
	10	13	28,2	9,4	0,1	38	20,8	6,9	0,3	52	57,0	2,7	0,4		50
	20	13	37,5	9,3	0,1	38	37,7	6,9	0,3	52	59,6	2,6	0,4		40
	30	13	46,8	9,3	0,1	38	34,6	6,9	0,3	53	2,1	2,5	0,4		30
	40	13	56,1	9,3	0,1	38	41,4	6,8	0,3	53	4,7	2,6	0,4		20
	50	14	5,4	9,3	0,1	38	48,2	6,8	0,3	53	7,2	2,5	0,4		10
15	0	14	14,7	9,3	0,1	38	55,0	6,8	0,3	53	9,7	2,5	0,4	15	0
S.		XI —				X —				IX —				S.	
S.		V +				IV +				III +				S.	

SUITE DE LA TABLE IV.

Pour déterminer la valeur de $\nu\psi$, ψ étant supposé $= 1°$.

Arg. latitude corrigée $= \varphi$.
La quantité prise dans cette Table s'ajoute à celle prise dans la Table Ire.

S.		0 +				I +				II +				S.	
S.		VI —				VII —				VIII —				S.	
D.	M.	M.	S.	Diff.	Cor.	M.	S.	Diff.	Cor.	M.	S.	Diff.	Cor.	D.	M.
15	0	14	14,7	Sec.	—	38	55,0	Sec.	—	53	9,7	Sec.	—	15	0
	10	14	24,0	9,3	0,1	39	1,8	6,8	0,3	53	12,2	2,5	0,4		50
	20	14	33,2	9,2	0,1	39	8,6	6,8	0,3	53	14,6	2,4	0,4		40
	30	14	42,5	9,3	0,1	39	15,3	6,7	0,3	53	17,1	2,5	0,4		30
	40	14	51,8	9,3	0,1	39	22,1	6,8	0,3	53	19,5	2,4	0,4		20
	50	15	1,0	9,2	0,1	39	28,8	6,7	0,3	53	21,8	2,3	0,4		10
16	0	15	10,2	9,2	0,1	39	35,4	6,6	0,3	53	24,2	2,4	0,4	14	0
	10	15	19,5	9,3	0,1	39	42,1	6,7	0,3	53	26,5	2,3	0,4		50
	20	15	28,7	9,2	0,1	39	48,8	6,7	0,3	53	28,8	2,3	0,4		40
	30	15	37,9	9,2	0,1	39	55,4	6,6	0,3	53	31,0	2,2	0,4		30
	40	15	47,1	9,2	0,1	40	2,0	6,6	0,3	53	33,2	2,2	0,4		20
	50	15	56,3	9,2	0,1	40	8,6	6,6	0,3	53	35,4	2,2	0,4		10
17	0	16	5,5	9,2	0,1	40	15,1	6,5	0,3	53	37,6	2,2	0,4	13	0
	10	16	14,7	9,2	0,1	40	21,7	6,6	0,3	53	39,7	2,1	0,4		50
	20	16	23,8	9,1	0,1	40	28,2	6,5	0,3	53	41,9	2,2	0,4		40
	30	16	33,0	9,2	0,1	40	34,7	6,5	0,3	53	44,0	2,1	0,4		30
	40	16	42,2	9,2	0,1	40	41,2	6,5	0,3	53	46,0	2,0	0,4		20
	50	16	51,3	9,1	0,1	40	47,6	6,4	0,3	53	48,1	2,1	0,4		10
18	0	17	0,4	9,1	0,1	40	54,0	6,4	0,3	53	50,1	2,0	0,4	12	0
	10	17	9,6	9,2	0,1	41	0,5	6,5	0,3	53	52,1	2,0	0,4		50
	20	17	18,7	9,1	0,1	41	6,9	6,4	0,3	53	54,0	1,9	0,4		40
	30	17	27,8	9,1	0,1	41	13,2	6,3	0,3	53	56,0	2,0	0,4		30
	40	17	36,9	9,1	0,1	41	19,6	6,4	0,3	53	57,9	1,9	0,4		20
	50	17	46,0	9,1	0,1	41	25,9	6,3	0,3	53	59,7	1,8	0,4		10
19	0	17	55,1	9,1	0,1	41	32,2	6,3	0,3	54	1,6	1,9	0,4	11	0
	10	18	4,2	9,1	0,1	41	38,8	6,3	0,3	54	3,4	1,8	0,4		50
	20	18	13,3	9,1	0,1	41	44,8	6,3	0,3	54	5,2	1,8	0,4		40
	30	18	22,3	9,0	0,1	41	51,1	6,3	0,3	54	6,9	1,7	0,4		30
	40	18	31,4	9,1	0,1	41	57,3	6,2	0,3	54	8,7	1,8	0,4		20
	50	18	40,4	9,0	0,1	42	3,5	6,2	0,3	54	10,4	1,7	0,4		10
20	0	18	49,4	9,0	0,1	42	9,7	6,2	0,3	54	12,1	1,7	0,4	10	0
S.		XI —				X —				IX —				S.	
S.		V +				IV +				III +				S.	

SUITE DE LA TABLE IV.

Pour déterminer la valeur de $r\psi$, ψ étant supposé = 1°.

Arg. latitude corrigée = φ.

La quantité prise dans cette Table s'ajoute à celle prise dans la Table Ire.

S.		0 +				I +				II +				S.	
S.		VI —				VII —				VIII —				S.	
D.	M.	M.	S.	Diff.	Cor.	M.	S.	Diff.	Cor.	M.	S.	Diff.	Cor.	D.	M.
20	0	18	49,4	Sec.	—	42	9,7	Sec.	—	54	12,1	Sec.	—	10	0
	10	18	58,5	9,1	0,1	42	15,8	6,1	0,3	54	13,7	1,6	0,4		50
	20	19	7,5	9,0	0,1	42	22,0	6,2	0,3	54	15,4	1,7	0,4		40
	30	19	16,5	9,0	0,1	42	28,1	6,1	0,3	54	17,0	1,6	0,4		30
	40	19	25,5	9,0	0,1	42	34,2	6,1	0,3	54	18,5	1,5	0,4		20
	50	19	34,5	9,0	0,1	42	40,3	6,1	0,3	54	20,1	1,6	0,4		10
21	0	19	43,4	8,9	0,1	42	46,3	6,0	0,3	54	21,6	1,5	0,4	9	0
	10	19	52,4	9,0	0,1	42	52,4	6,1	0,3	54	23,1	1,5	0,4		50
	20	20	1,3	8,9	0,1	42	58,4	6,0	0,3	54	24,6	1,5	0,4		40
	30	20	10,3	9,0	0,1	43	4,4	6,0	0,3	54	26,0	1,4	0,4		30
	40	20	19,2	8,9	0,1	43	10,3	5,9	0,3	54	27,4	1,4	0,4		20
	50	20	28,1	8,9	0,1	43	16,3	6,0	0,3	54	28,8	1,4	0,4		10
22	0	20	37,0	8,9	0,1	43	22,2	5,9	0,3	54	30,1	1,3	0,4	8	0
	10	20	45,9	8,9	0,1	43	28,1	5,9	0,3	54	31,4	1,3	0,4		50
	20	20	54,8	8,9	0,1	43	34,0	5,9	0,3	54	32,7	1,3	0,4		40
	30	21	3,7	8,9	0,1	43	39,9	5,9	0,3	54	34,0	1,3	0,4		30
	40	21	12,6	8,9	0,1	43	45,7	5,8	0,3	54	35,2	1,2	0,4		20
	50	21	21,4	8,8	0,1	43	51,5	5,8	0,3	54	36,4	1,2	0,4		10
23	0	21	30,3	8,9	0,1	43	57,3	5,8	0,3	54	37,6	1,2	0,4	7	0
	10	21	39,1	8,8	0,1	44	3,1	5,8	0,3	54	38,8	1,2	0,4		50
	20	21	47,9	8,8	0,1	44	8,8	5,7	0,3	54	39,9	1,1	0,4		40
	30	21	56,7	8,8	0,1	44	14,5	5,7	0,3	54	41,0	1,1	0,4		30
	40	22	5,6	8,9	0,1	44	20,2	5,7	0,3	54	42,1	1,1	0,4		20
	50	22	14,4	8,8	0,1	44	25,9	5,7	0,3	54	43,2	1,1	0,4		10
24	0	22	23,1	8,7	0,1	44	31,6	5,7	0,3	54	44,2	1,0	0,4	6	0
	10	22	31,9	8,8	0,1	44	37,2	5,6	0,3	54	45,2	1,0	0,4		50
	20	22	40,7	8,8	0,1	44	42,8	5,6	0,3	54	46,1	0,9	0,4		40
	30	22	49,4	8,7	0,1	44	48,4	5,6	0,3	54	47,0	0,9	0,4		30
	40	22	58,2	8,8	0,1	44	54,0	5,6	0,3	54	47,9	0,9	0,4		20
	50	23	6,9	8,7	0,1	44	59,5	5,5	0,5	54	48,8	0,9	0,4		10
25	0	23	15,6	8,7	0,1	45	5,0	5,5	0,3	54	49,7	0,8	0,4	5	0
S.		XI —				X —				IX —				S.	
S.		V +				IV +				III +				S.	

FIN DE LA TABLE IV.

Pour déterminer la valeur de $\nu\psi$, ψ étant supposé $= 1°$.

Arg. latitude corrigée $= \phi$.

La quantité prise dans cette Table s'ajoute à celle prise dans la Table Ire.

S.		O +				I +				II +				S.	
S.		VI —				VII —				VIII —				S.	
D.	M.	M.	S.	Diff.	Cor.	M.	S.	Diff.	Cor.	M.	S.	Diff.	Cor.	D.	M.
25	0	23	15,6	Sec.	—	43	5,0	Sec.	—	54	49,7	Sec.	—	5	0
	10	23	24,3	8,7	0,2	45	10,5	5,5	0,3	54	50,5	0,8	0,4		50
	20	23	33,0	8,7	0,2	45	16,0	5,5	0,3	54	51,3	0,8	0,4		40
	30	23	41,7	8,7	0,2	45	21,5	5,5	0,3	54	52,1	0,8	0,4		30
	40	23	50,3	8,6	0,2	45	26,9	5,4	0,3	54	52,8	0,7	0,4		20
	50	23	59,0	8,7	0,2	45	32,3	5,4	0,3	54	53,5	0,7	0,4		10
26	0	24	7,6	8,6	0,2	45	37,7	5,4	0,3	54	54,2	0,7	0,4	4	0
	10	24	16,2	8,6	0,2	45	43,1	5,4	0,3	54	54,9	0,7	0,4		50
	20	24	24,9	8,7	0,2	45	48,4	5,3	0,3	54	55,5	0,6	0,4		40
	30	24	33,5	8,6	0,2	45	53,7	5,3	0,3	54	56,1	0,6	0,4		30
	40	24	42,1	8,6	0,2	45	59,0	5,3	0,3	54	56,7	0,6	0,4		20
	50	24	50,6	8,5	0,2	46	4,3	5,3	0,3	54	57,2	0,5	0,4		10
27	0	24	59,2	8,6	0,2	46	9,5	5,2	0,3	54	57,7	0,5	0,4	3	0
	10	25	7,7	8,5	0,2	46	14,7	5,2	0,3	54	58,2	0,5	0,4		50
	20	25	16,3	8,6	0,2	46	19,9	5,2	0,3	54	58,7	0,5	0,4		40
	30	25	24,8	8,5	0,2	46	25,1	5,2	0,3	54	59,1	0,4	0,4		30
	40	25	33,3	8,5	0,2	46	30,2	5,1	0,3	54	59,5	0,4	0,4		20
	50	25	41,8	8,5	0,2	46	35,4	5,2	0,3	54	59,9	0,4	0,4		10
28	0	25	50,3	8,5	0,2	46	40,5	5,1	0,3	55	0,2	0,3	0,4	2	0
	10	25	58,8	8,5	0,2	46	45,5	5,0	0,3	55	0,6	0,4	0,4		50
	20	26	7,2	8,4	0,2	46	50,6	5,1	0,3	55	0,9	0,3	0,4		40
	30	26	15,7	8,5	0,2	46	55,6	5,0	0,3	55	1,1	0,2	0,4		30
	40	26	24,1	8,4	0,2	47	0,6	5,0	0,3	55	1,3	0,2	0,4		20
	50	26	32,5	8,4	0,2	47	5,6	5,0	0,3	55	1,6	0,3	0,4		10
29	0	26	41,0	8,5	0,2	47	10,6	5,0	0,3	55	1,8	0,2	0,4	1	0
	10	26	49,3	8,3	0,2	47	15,5	4,9	0,3	55	1,9	0,1	0,4		50
	20	26	57,7	8,4	0,2	47	20,4	4,9	0,3	55	2,0	0,1	0,4		40
	30	27	6,1	8,4	0,2	47	25,3	4,9	0,3	55	2,1	0,1	0,4		30
	40	27	14,4	8,3	0,2	47	30,2	4,9	0,3	55	2,2	0,1	0,4		20
	50	27	22,8	8,4	0,2	47	35,0	4,8	0,3	55	2,2	0,0	0,4		10
3	0	27	31,1	8,3	0,2	47	39,8	4,8	0,3	55	2,3	0,1	0,4	0	0
S.		XI —				X —				IX —				S.	
S.		V +				IV +				III +				S.	

www.ingramcontent.com/pod-product-compliance
Ingram Content Group UK Ltd.
Pitfield, Milton Keynes, MK11 3LW, UK
UKHW021122230726
13926UKWH00002B/595

9 782013 588942